U0035778

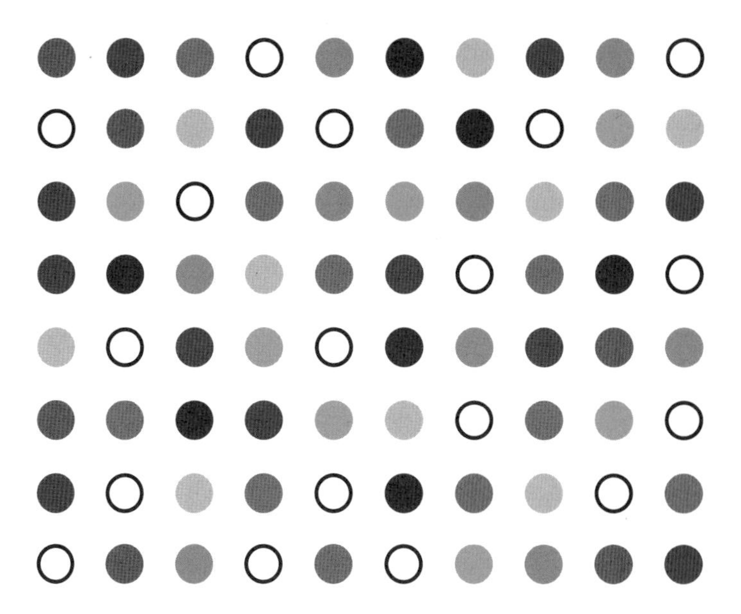

TED Talk
十八分鐘的祕密

Jeremey Donovan
傑瑞米·唐納文——著　鄭煥昇——譯

How to Deliver a TED Talk
Secrets of the World's Most Inspiring Presentations

目錄

1 分享理念 5

第一部 內容、故事與結構

2 挑選主題 17
3 屬於你的「那句話」 27
4 介紹自己 35
5 開場 43
6 轉入正題 63

7 做結論 75
8 故事怎麼說 83

第二部 演說的設計與執行

9 口條 97
10 幽默感 103
11 肢體表達 111
12 善用投影片或道具 121
13 克服上台的恐懼 131
14 放下書，上台講 135

CHAPTER

1

分享理念

你喜歡看TED演講嗎？如果是，那你應該記得第一次看到TED演講影片的感覺吧？十八分鐘的毫無冷場與醍醐灌頂。TED的成立宗旨就是分享值得傳播的理念或觀念，而挑起這項使命的使者總是能完成任務，從未失手。雖然當中很多人的名氣談不上家喻戶曉，但像肯・羅賓遜爵士（Sir Ken Robinson）、吉兒・波特・泰勒（Jill Bolte Taylor），還有成千的其他講者，總能用扎實的內容、流暢的表達與優異的起承轉合，讓台下無數來賓與全球網路上的觀眾聽得如癡如醉，TED的口碑也愈傳愈遠。

TED官方網站

www.ted.com

雖然我覺得你一定看過TED演講影片才會買這本書，還是容我介紹一下：TED是一個非營利組織，其成立目的，是要把科技、娛樂與設計等領域中種種令人瞠目結舌、頭皮發麻的新鮮想法傳遞出去，讓愈多人知道愈好，知道得愈清楚愈好。TED涉獵的活動很多，其中最有名的莫過於關起門來、外人難以窺之一二的神祕會議，再來就是門戶大開、放到網路上任人看到飽的演講錄影。

如果你看過夠多的TED影片，就會注意到講者有兩大類：一類是頭銜顯赫、職位重要，或是才華洋溢的菁英，也就是人上人；另一類是跟你我一樣的凡夫俗子，但他們多的是精彩的際遇和故事可以分享。

普拉那夫‧密斯特力（Pranav Mistry）與大衛‧加羅（David Gallo）屬於第一種人。大衛身為海洋生物學家，娓娓道來深海生物的驚人樣貌，讓台下觀眾聽得如癡如醉。普拉那夫來自麻省理工學院，是該校媒體實驗室（Media Labs）裡公認的天才，講台上的他帶我們走進未來，一窺人類與資訊之間的互動將演化成何種樣貌。他主導開發的第六感（SixthSense）技術把可穿戴的攝影機與投影機連結到智慧手機，讓使用者把鍵盤投射在手掌上，便可以隨時隨地利用任何平面上網與虛擬世界互動。文字難以表達這項科技的革命性於萬一，我建議各位上網聆聽普拉那夫的演說，去親炙那第一手的悸動。

普拉那夫・密斯特力的TED演講
www.ted.com/talks/pranav_mistry_the_thrilling_potential_of_sixthsense_technology.html

即便你不是學者，還是可以憑藉過人的才華登上TED舞台，這裡我舉兩個

大衛・加羅的TED演講
www.ted.com/talks/david_gallo_on_life_in_the_deep_oceans..html

最有趣的例子，一個是亞瑟・班傑明（Arthur Benjamin）上台表演魔法數學（Mathemagic tricks），一個是傑克・島袋（Jake Shimabukuro）用烏克麗麗（ukulele）演奏皇后合唱團（Queen）的〈波希米亞狂想曲〉（Bohemian Rhapsody）。要不是親耳聽到，我想很多人都很難想像用只有四根弦、簡直是小孩玩具的東西，傑克竟然能演奏出這麼美妙的樂音。

但很少有人能如此幸運地找到讓人稱羨的工作，更遑論把一項專業當成志業、日復一日地琢磨精進，以臻完美；這樣的人不是說沒有，但畢竟是少數中的少數。所以我們這些平凡人應該如何自處呢？如果我們還是懷抱著希望想登上TED講台，想用我們口中說出的話來啟發和感動世人，還有什麼別的途徑呢？

這就得講到第二類的TED講者了。這第二類講者就跟你我無異，至少乍看之下如此。真要說他們確實是平凡人，但他們的故事可不平凡。聽到我這樣講，很多讀者的第一個反應可能是垂頭喪氣，失敗主義。「我沒有什麼了不起的生平，也沒有精彩的故事可講，我的人生很無聊，再『正常』不過了。我不是什麼腦神經專家，沒辦法像吉兒・波特・泰勒研究自己的中風，我也不像奈及利亞小說家奇馬曼達・阿的奇（Chimamanda Adichie）在非洲成長，後來寫書寫到成名。」

如果你是個成年人，那就表示你歷經、通過了青春期的考驗，那就表示你面對可能的失敗展現了無數次的堅忍不拔，這些都是故事。只要已經成年了，你

亞瑟・班傑明的TED演講
www.ted.com/talks/arthur_benjamin_does_mathemagic.html

傑克・島袋的TED演講
www.youtube.com/watch?v=PB3RbO7updc

就一定愛過、失敗過、得到過、失去過；你一定傷過人，也一定傷過心。表面上風平浪靜的平凡人生，當中一定穿插著不平凡的瞬間。這些故事，也就是你的故事，一定可以感動人、啟發人，問題在於你必須學習如何把情感完完整整、力道十足地展現出來，讓你想與之分享的人能感受得到。

問題並不是你沒有故事可講，反而是可以說的故事太多。吉兒・波特・泰勒不是生出來第一天就是腦神經專家、第二天中風、第三天就站上TED舞台演講。她有過無數不平凡的經歷，但「弱水三千只取一瓢飲」，她選擇只挑最特別的一件事與大家分享。這本書就是要教你怎麼挑出這一件事，教你如何用這件事情與人互動、讓人感動。

TED會議的策劃單位邀請講者時，有所謂的十誡（Ten Commandments），這十條準則固然提供了一些指標，讓我們知道在台上應該如何表現最好，但我們無法光靠這十條準則就知道如何講好TED演講。我把這十條準則分成兩類，重點分別是演說內容與表達風格。

演說內容

- 老梗不能一用再用。
- 夢想得大，創見要新，分享之事要聞所未聞。
- 必以精采故事穿針引線。
- 不得在台上有推銷行為，不論是公司、商品、著作、募資需求，均不得在台上提及；違者打入冷宮，永不錄用。
- 須時刻謹記：笑等於好。

表達風格

- 必須在台上流露出好奇心與熱情。

- 對於其他講者的發言不得鄉愿，評論起來得暢所欲言，才能得「以道會友」與「就事論事」兩位大神的歡心。
- 不可妄自尊大，自以為了不起；應以弱點示人，應知無不言；成功要說，失敗也不能隱瞞。
- 不得照著稿念，應與台下互動。
- 不得超時，應準時結束，否則就是竊取下位講者的時間。

接下來幾頁將介紹一些技巧，讓你知道如何把演講講得扣人心弦、劇力萬鈞；這些技巧都是從最經典的TED演講中拿來研究分析所提煉出的精華。本書將一步一步，帶領你學習如何挑選主題、微言大義、掌控全局，並且在小地方精益求精。

註：在不違反美國著作權法關於「合理使用」（fair use）規定的前提下，本書將少量使用有TED會議有限公司（TED Conferences LLC），且僅做為評論分析以供有志者提升簡報或演講技術。我本人與TED沒有利益關係，但我衷心希望本書能讓更多人知悉TED的存在與他們的努力，書中所提及的所有企業與產品名稱都以相關公司的（註冊）商標為準。

CHAPTER

1

分享理念

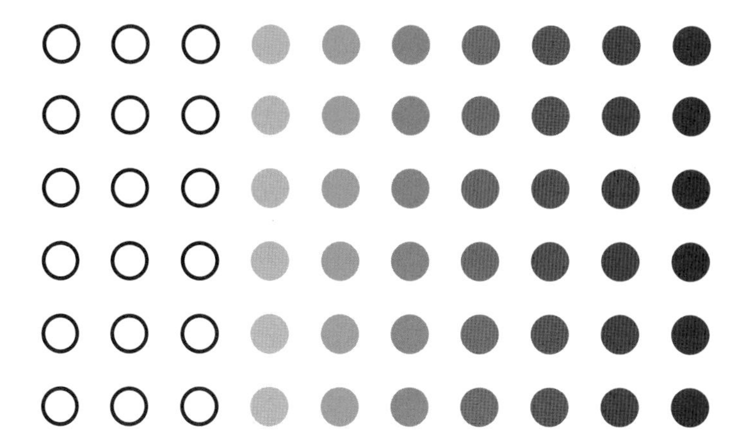

第一部 內容、故事與結構

CHAPTER

2

挑選主題

想站上TED講台，要能讓人動容，首先要想好結尾。你一定希望每一位觀眾來到講堂或每一位網友點進TED網站，都能帶著一顆種子離開。這顆種子，要是不能喚醒他們的熱情、點燃他們對某種嶄新想法的關注，要不就能說服他們採取行動、追尋某個目標。站到台上，你的任務就是要在觀眾心中埋下這顆改變的種子。

挑選主題，首先需要深切自省。雖然每場TED演講的核心都是一則故事，但你在選題時，首先不是問自己：「我有什麼精采的故事可以講？」你的第一樣功課應該是自我探究，你該問自己：「我人生中學到最重要的一課是什麼？」、「我曾經嚐過最高的喜悅是什麼？最深的悲哀又是什麼？」、「我的人生意義是什麼？我要如何得道多助？」

確立講題核心後，你便可以由此往回推，去建立一個以觀眾為中心的論述內容，裡面包含著一層層的故事與事實。想像一下，你決定要跟觀眾分享你所學到人生最重要的一課，那你的故事會是在說你何時、又是如何學到這一課；最重要的是，你的演說應該包括你從誰身上學到這一課，這是因為故事要好，主角或英雄一定不能是你自己，而得是別人。在構思演講內容的過程，你要不斷揣摩聽者的質疑與心情，你要從他們的角度不斷問自己：「所以呢？」、「你說的東西對我來說很重要嗎？」

截至二〇一一年，最經典、最受歡迎的十則TED演說中，有七則的重點是鼓勵觀眾去改變自己。這七位講者講的東西並沒有什麼曠古鑠金、空前絕後的內容，就像俗語說的：「太陽底下沒有新鮮事」，他們的演講內容並沒有推翻這一點，就連這句話本身都不是現代人的新發明，而是兩千年前聖經裡《傳道書》（*Ecclesiastes*）的用法。這七則演說，所談的是人類思想中七種不同的概念：精神疾病、創意、領導力、幸福的意義、積極向前的動力、成功的定義，乃至於自我價值釐清。

至於十則經典中的另外三則，則把網子撒得更開；這三位講者想要促成的，是人際之間與社會方面的變遷。他們登高一呼，要我們劍及履及，要我們改變對公共衛生、公眾教育，乃至於對多元存在的看法。這三位講者並不是首先發難來探究這些主題的人，更不會是最後三個。他們能感動人，是因為分享了個人的觀點，藉此讓我們溫習這些議題為什麼重要，而我們又可以如何參與、付出。

當你思考要如何與觀眾建立關係、感動、鼓舞他們的時候，記住一點，人一般都有四種根深蒂固的基本需求，一旦我們滿足了生理上的需求，健康無虞後，這四種需求就會一一冒出頭來。

這四種人性需求之首，就是需要被愛，需要有歸屬感。二〇一一年，葛妲・葛林姆蕭（Gerda Grimshaw）到LinkedIn網站的TED討論群組中，貼了一個問題：「你何以快樂？」葛妲是「葛媽媽」（Call Mom）機構的創辦人，葛媽媽是一個非營利的轉介服務，其宗旨是協助單親媽媽與孩子取得教育與其他資源來自立自強，避免生活陷入困境。而這個問題得到的一百筆回應當中，九十二筆表示快樂來自「真誠地與人分享快樂」。雖然我不是統計方面的專家，用的方法可能漏洞百出，但為了瞭解快樂背後的祕密，我還是嘗試分析了一下所有回應。從下表，讀者應可看出社交互動中所產生的愛與歸屬感，是回應中多數人的一大快樂來源。

• 與家人、朋友，當然，還有寵物間的關係與互動（30.4%）

• 體驗大自然（12.0%）
• 慈善捐款或擔任志工（10.9%）
• 完成任務（9.8%）
• 以教練、導師或作者的身分去啟發他人突破或進步（7.6%）
• 反躬自省或進修學習（7.6%）
• 身心的全然感知或「活在當下」（6.5%）
• 健康——大病初癒或常年患病的人感受尤深（5.4%）
• 生理快感或運動樂趣（5.4%）
• 表達自我（2.2%）
• 財務健全或財務自由（2.2%）

第二類深植於人性的根本需求是欲望與自利。剛才的統計中，生理快感與運動樂趣，乃至於財務的健全與自由都屬於這一類；說真的，我認為方才的百分比可能稍微被低估了，真實社會裡的比例應該更高些，但大概沒人敢在LinkedIn中最純潔又不匿名的TED討論室裡，赤裸裸地對自己的欲望大放厥詞吧。有些人可能不太相信，TED演講上可以講這些東西嗎？瑪莉・羅契（Mary Roach）有一則演講叫〈關於性高潮，十件事你不知道的事〉（10 Things You Did Not Know About Orgasm），那是二〇〇九年的事；然後海倫・費雪（Helen Fisher）早在二〇〇六年，也上台分享過〈我們何以愛，何以背叛〉（Why We Love and Why We Cheat）。另外談錢的演講也不少，不過內容往往是要我們不要短視近利，而應該勇敢去創業致富。

自我成長是第三項基本的人性需求，也是你可以跟台下觀眾交流的題材。我們都希望學習成長，都想了解自己，都希望挑戰自己、超越自己。我們對於自身與對世界，抱著一樣的好奇心。因此如果你有一套設定目標並達成的方法，你就有很好的TED演講素材了。但是這樣的題材一點都不稀罕，稀罕的是你個人的經驗與心路歷程，你怎麼跌倒，怎麼爬起來，怎麼到達目的地，才是大家最想聽的東西。

現任美國總統歐巴馬在二〇〇八年競選時主打「希望與改變」，並非巧合。每位候選人的每場選舉，基本上都大同小異，事實上任何群眾運動、社會運動、政治活動，甚至於宗教活動，都聚焦在第四項人性需求上，那就是我們都想要希望與改變。要讓台下觀眾聽你講話，你得激發他們對現況不滿，讓他們看到希望的曙光，要讓他們覺得成功就差咫尺，而自己只需要再努力一點點。人生的某個

瑪莉・羅契的 TED 演講
www.ted.com/talks/mary_roach_10_things_you_didn_t_know_about_orgasm.html

海倫・費雪的 TED 演講
www.ted.com/talks/helen_fisher_tells_us_why_we_love_cheat.html

點上，我們一定會一早醒來感到一股不滿足、一種悸動，問自己：「這一切到底是為了什麼？這樣的日子究竟有沒有意義？」改變人人都想，意義人人都要。一旦站上台，你就要想辦法給人方法與力量，標示出自己的存在。

很多時候，選題目最好的辦法，是先挑出貫穿全場演講的訊息，再去搜尋你的體驗庫，用親身經驗提供演講中的情感深度，如此一來你的講話內容就能理性與感性兼顧。如果卡住了，就換條路走，你不說沒人會知道你卡住過。重點是，或者應該說重點中的重點，是你必須確實掌握演講的中心思想，你到底想告訴台下、傳達給台下什麼，有了這樣的認知你才能往下走。有些講者常犯的一大錯誤就是想在十幾分鐘內講完畢生所學，但這樣實屬不智。你腦中要像有條雷射光，聚焦在單一課題上，這樣才有標準去篩選內容，才有辦法去蕪存菁，從頭到尾不離題。如果你有個很棒的觀念或故事，但沒有完全對到演講的主題，那你也只得忍痛將之排除在外。

確認演講的中心課題後，接下來想想如何最恰當地傳達給台下的觀眾。所謂恰當，是要做到讓他們久久不能忘懷。我將在下一章告訴各位，如何把演講主軸轉化為可消化的訊息，好讓聽者能吸收後深深印在腦子裡。

本章重點

- 選定一個主題去感動觀眾，讓他們要不改變想法，要不就採取行動。
- 建立以觀眾為中心的談話內容，穿插故事與事實。
- 歸屬感、自身利益、自我實現、希望與夢想，從這四大人性需求出發以求取共鳴。

CHAPTER

3

屬於你的「那句話」

幾年前，賽門・西奈克（Simon Sinek）加入TED大家庭，在台上為TED貢獻了一篇堪稱傑作的演講。在那之前，他先有一個發想：為什麼同樣是領導者或企業，有的成功，有的卻失敗？所幸他沒有把這個發想束之高閣或敝帚自珍，畢竟他自許活著就是要「啟發他人去採取行動」、「讓大家能夠被什麼啟發，就去做什麼」。賽門免費與全世界分享的那個祕訣，是個叫做「黃金圓圈」（Golden Circle）的概念。賽門針對這個概念的說服力展現無遺：他在演講中指出，普通人與普通等級的企業會先提自己在「做什麼」，如果善心大發，才會再稍微分享「如何做」；與之形成對比的有影響力的頂尖人物與企業，會先與人分享「為什麼」，然後才說「如何做」，最後才說出在「做什麼」。賽門最喜歡舉的例子是蘋果，不是吃的蘋果，是做iPhone的蘋果。蘋果公司首先問：「為什麼？」讓人有能力突破現狀、改變現況；蘋果再問：「如何做？」因此設計出了卓越的軟硬體，然後以主流定價售予主流消費者；蘋果最後問：「做什麼？」因此做出了大小各異、色彩繽紛的個人電腦與智慧手機。

賽門的概念並非全新，幾十年前也曾經流行過一陣子類似性質的「任務宣告」（mission statement），其立論基礎就與賽門異曲同工，只是賽門把舊酒裝進新瓶，給了老概念新的生命。在新故事的包裝下，他用既有的理念點燃了千千萬萬人的熱情。賽門的神來之筆很多，首先他用「黃金圓圈」來妝點這個概念。黃金圓圈的

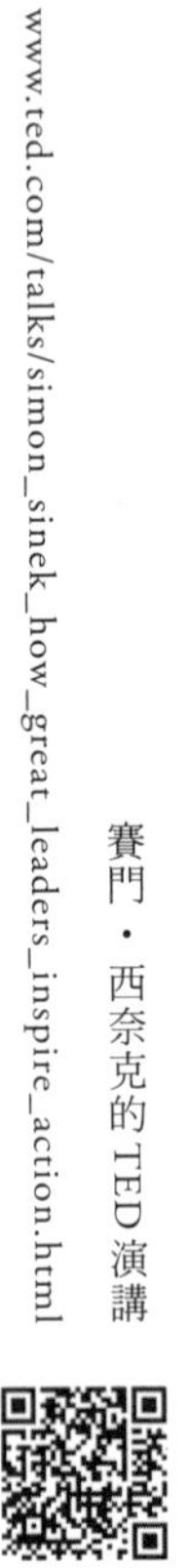
賽門・西奈克的 TED 演講
www.ted.com/talks/simon_sinek_how_great_leaders_inspire_action.html

構想很妙，但感染力不算太強。你想像一下，有個人跑到你面前說：「嘿，你想知道做生意跟過日子可以成功的祕訣嗎？」你一聞這還了得，馬上準備洗耳恭聽這古往今來的大智慧，但就在這時候對方補了一槍說：「笨蛋，祕密就是『黃金圓圈』啊！」你一定覺得很錯愕吧！沒頭沒腦的，黃金圓圈這四個字根本沒有意義；你既不會感動，也不會採取行動。但賽門當然不是只有這招，他另外用了一個聽一次就會記住的「口訣」，讓理念活過來：「找尋初衷」（Start with Why），同時他還用這個口訣當書名出了一本書。這幾個字簡簡單單告訴你，要讓生活過得更好，該踏出的第一步在哪，沒有任何曖昧之處。

賽門跟其他TED講者一樣，都想把訊息精練為一個點、一句話、一個基礎、一個響亮的說法，深植在觀眾心中，就像鬼針草牢牢黏在衣服上。賽門其實不只一招，除了「找尋初衷」，他演講中有名的說法還有「消費者掏出錢不是因為你做了什麼（what you do），而是你想到什麼（why you do it）」、「先求同心，再談合力」(work with people who believe what you believe)，並在演講中一再複誦。

問題來了，什麼樣的口號、標題、說法，才稱得上響亮、好記、深植人心呢？首先，一字記之曰「短」，最理想是三個詞，最多最多十二個詞。說到這裡不得不再提一次歐巴馬總統，因為這原則沒人比他懂，要不然他的競選口號怎麼會那麼巧剛好都是三個字：「Hope and Change」(希望與改變)、「Pass This Bill」(通過這法案)、「We Can't Wait」(改革不能等)、「Yes We Can」(我們能做到)。我這樣說，各位讀者「Get the gist」了嗎？(懂了嗎？)

口號要有力，第二項不變的法則是要能讓人「動起來」，而「找尋初衷」就是一例。辛普森案(O. J. Simpson murder case)的辯護律師強尼・寇克藍(Johnny Cochran)對陪審團說過「手套不對，人就無罪。」這話一傳十五年，大家都還記得。寇克藍這句話與賽門所說「消費者掏出錢不是因為你做了什麼，而是你想到什麼」，順便也說明了口號設計的第三項原則，那就是唸起來要好聽，盡量押韻，因為好聽、押韻的句子通常也比較好記。為了說明這一點，我得化身文法小老師，希望大家忍耐一下。嗯，要讓說話聽起來像在唱歌，有兩種常見的技巧，一個叫做「首語反覆」(anaphora)，另一個叫做「結句反覆」(epistrophe)。前者就是用同樣的字眼開始每一句話，後者就是用同樣的方式終結每一句話。「首語反覆」在文學中首推大文豪狄更斯(Charles Dickens)的《雙城記》(*A Tale of Two Cities*)：

這是最好的時代，這是最壞的時代；這是智慧的年代，這是愚蠢的年代；這是信念的紀元，這是懷疑的紀元；這是光明的季節，這是黑暗的季節；這是希望的春天，這是絕望的冬天；我們前途一片大好，我們前途黯淡無光；我們一路奔往天堂，我們完全搞錯方向。總之，這個時代是我們的時代的翻版，最愛大放厥詞的言者堅稱這個時代不論怎麼去看，都不是大好就是大壞。

不過為了避免你學得太過火，請注意一般讀者都只記得前面兩句話「這是最好的時代，這是最壞的時代」，這兩句話也剛好達到我前面說過口號長度的字詞上限。如果你想要稍微花俏一點，可以試試「前後反覆」（symploce），意思是把「首語反覆」跟「結句反覆」同時用上。

賽門所言「消費者掏出錢不是因為你做了什麼，而是你想到什麼」用了第四項修辭武器是「選擇性反覆前後句中的某個字句」，這也就是文法博士所說的「字句演繹」（traductio）。如果你覺得這麼多專有名詞有點消化不良，鄰家女孩般親切的押韻永遠在你身邊。

好的，我們交代過了口號的長度、行動的激發力與文字的音樂性，但另外還有兩個特點我們得很快介紹一下，這兩點不僅重要，而且相關。當你的口號分兩部分時，兩部分一定要呈現出對比，而且後半部要採正面表述。「消費者掏出錢不是因為你做了什麼」是負面表述，正常人聽到都會想說「然後呢，那他們買什麼？」這時候你再說出「而是你想到什麼」，聽者就會因為恍然大悟而得到滿足。

類似的對比排列，會決定聽者的感覺，而這一點也正是口號要能琅琅上口的最後一項要訣。就像笑話如果要好笑，笑點要留到最後當成「大絕」來放。如果變成「手跟手套的尺寸不合，那你們這些陪審團員就等著做出辛普森無罪的判決」，那感覺就整個弱掉了。

有中心思想，有可以承載、包裝這個思想的響亮口號，你就踩上躋身優秀講者之列的墊腳石了。接下來，我們要開始討論演講本身，包括如何介紹自己給觀眾認識。

本章重點

- 用三到十二個字詞的口號或說法來包裝、統整中心思想，使其易於記憶與傳遞。
- 創造出你特有的口號或標語，要能琅琅上口，要能熱血沸騰、採取行動。
- 演講過程至少要重複口號三次。

CHAPTER

4

介紹自己

很可惜，TED影片並沒有秀出講者介紹的段落，公開平台中也不太能找到TED之流的講者介紹資訊。講者介紹縱使不完美，固然不會毀掉一段扎實的演講，但好的介紹只消一、兩分鐘，絕對可以替原本就很優秀的演講加分，正所謂「好的開始是成功的一半」。

TED有史以來點閱率最高的講者，有一位正是漢斯・羅斯林（Hans Rosling）。漢斯的演講內容乍聽之下是一點都不有趣的公衛問題，但他卻能把看似嚴肅的話題講得趣味盎然。他演講中的核心訊息是我們可以合力衝高國際上的衛生標準，做法上則是透過公衛資訊與分析工具的自由傳遞。對這樣一個人，這樣一場演講，最差勁的講者介紹大概是下面這個模樣：

各位先生，各位女士，今天我非常榮幸可以介紹漢斯・羅斯林博士，斯德哥爾摩卡羅林斯卡學院（Karolinska Institute）國際衛生學教授。進入學界初期，他將研究重心放在統計學與醫學上，最終在一九七六年拿到執照成為正式醫師。之後在一九八六年於阿波薩拉大學（Uppsala University）拿到博士學位，因為他發現了一種癱瘓性的傳染病叫做「康鎖」（Konzo），後續並對這疾病的爆發進行了研究。迄今羅斯林博士拿過的大獎有十個，當中包括二〇一〇年的加能獎（The Gannon Award），得獎理由是對人類科技文明發展的持續貢獻；二〇一一年羅斯林博士入選《Fast Company》雜誌全球商業界百大創意人，同時還經投票成為瑞典工程科學院院士。如果這些工作上的成就還不足以讓各位對他肅然起敬的話，這裡透露一下他本身還是雜耍名人，專長是吞劍。現在請大家鼓掌，給漢斯・羅斯林博士一個TED的典型熱烈歡迎！（資料來源為維基百科，但上述介紹純屬虛構。）

真像老太太的裹腳布，又臭又長，這段內容我光用寫的都快睡著了。老實說，我還正打算把這段文字列印出來，放一份在床頭櫃，應該可以治好我的失眠，在此也推薦給所有晚上睡不好的朋友。相對於上面這段亂七八糟的內容，好的引薦應該要時時切中講者的內容、要時時從觀眾的角度去思考、要建立起講者的權威但又不流於將其神化。接下來我們會針對這些重點逐一討論。

有效的引薦必須要有「斬節」和重點，也要能呼應講者今天登台的中心思想。比如說，羅斯林博士蒞臨 TED，是要大家體會免費公衛資料庫的重要性，

漢斯・羅斯林的 TED 演講

www.youtube.com/watch?v=hVimVzgtD6w

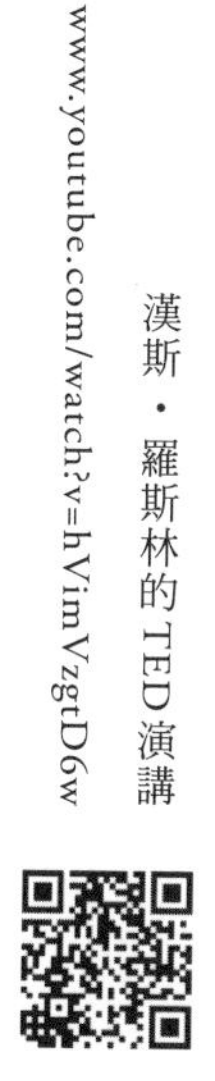

進而成為推廣與支持的力量。儘管他在一九八六年發現一種罕見疾病，接著透過研究拿到阿波薩拉大學的博士，固然可敬可佩，卻與演講內容沒什麼關係。比較有打到要害的部分，應該在羅斯林博士是卡羅林斯卡國際研究與培訓委員會的主席，而身為主席，他積極推動與亞洲、非洲、中東與拉丁美洲的大學合作進行衛生研究。這樣的介紹，才能讓觀眾心裡有個底，知道講者對於透過國際合作推動公衛工作抱持何等的熱情。

前面的虛擬爛介紹還有一個很大的缺點，就是忽略了觀眾的重要性。台下觀眾一坐幾個小時，投資的是他們寶貴的時間與精力，如果沒有得到適當的注意、肯定與好處，很多人是堅持不下去的。好的介紹會讓觀眾知道他們將從演講中有所得，就像讓他們聞到肉香，但又不把牛排端出來。好的介紹常用的方法是：「聽完演講，你會知道原來分享國際間公衛資料，對改善我們的生活、下一代的生活、你我親朋好友的生活，乃至對於七十億的地球公民，有多麼大的助益。」

你這樣一說，台下的觀眾還能不坐正好好聽講嗎？

負責介紹的司儀必須建立起講者的可信度，但又不能講得太天花亂墜。權威可以得到人的尊敬，但與你我有共鳴才能換得信任。能讓我們豁然頓開的，往往是與我們背景相當，本身也從半信半疑轉變到接受改變的同儕，他們的心路歷程最能引發我們的共鳴。前面的錯誤範例還有個問題，羅斯林博士被塑造成一個不世出的天才，身兼統計學家、醫師、流行病學專家，同時還獲獎無數。聽到這樣一篇介紹，正常人的反應會是：「羅斯林博士真的超強，我不可能學他啦，我沒他的背景，也沒他聰明啊。」為了避免這種反應，正確的介紹應該說：「羅斯林博士是卡羅林斯卡學院的國際衛生學教授，他對於提升公衛議題的能見度不遺餘力。」這樣說，就已經足以建立羅斯林博士的可信度，同時也提點到他要談的主題。介紹羅斯林博士會吞劍，固然感覺比較「人性化」，讓他比較不像高高在上的大牌博士，但說真的，吞劍也太詭異了，再說跟講題也扯不上關係。

大部分時候，負責介紹的司儀跟你並沒有淵源，這時候你應該提供書面資料給司儀參考，而這份資料的內容一樣要符合上面提過的三個重點：跟觀眾的切身利益有關、跟講題內容有關、把神化講者的成分降到最低。記得一定要找時間跟司儀一起把介紹詞掃過一遍，陪司儀練習講個一、兩遍，確定長度與內容沒有問題。一般人往往略過這樣的事前練習，後果也常常慘不忍睹，所以我強烈建議講者在這一點絕對不要偷懶。

如果司儀跟你稍有認識，或剛好對你有一點點了解的話，那就太好了。這一點我有親身經驗：二〇一一年，我受邀到波特蘭對一群約八十人左右的觀眾演講，觀眾都是一個創業互助團體StarveUps的成員，而我的演講內容關於簡報的祕訣，希望中小企業可以透過好的簡報拿到大公司的訂單。約翰・佛雷斯（John Friess）是一位忙碌的企業家，也是該晚的司儀。在我們倆上台之前，約翰坦白說他沒有看我的書面自介，我當場遞給他的一份資料，他看了一眼就把那張紙皺皺地放進口袋，說了一句：「相信我就對了。」不用說，我的血壓立馬升高。約翰一上台時，先說了一段自己的經驗，他說自己在面對投資人、合作廠商與客戶時，簡報都是一件很辛苦很掙扎的事情。接著他向觀眾分享了跟我認識的過程，還提到我是一個很熱情的人，對人從不藏私，只要是對人有幫助的事情，我都會知無不言、言無不盡。在他的口中，我是一個樂於助人、善於溝通的益友。那是我聽過最中聽、最滿意的一次介紹。

給司儀用的自介還有最後一個重點，那就是內容要跟你的演講有所呼應，講話的語氣也要相符。介紹羅斯林博士的人可不能一開場就耍冷，搞笑的介紹應該留給風趣的講者與講題。引介與主軸間的彼此呼應可以讓場內的熱度維持一定的火候，這一點我們留待下一章說明。當司儀請觀眾鼓掌，請你出場，並且跟你握完手，接下來就是演講了。接下來我來教你怎麼開場。

本章重點

- 針對演講內容寫個一、兩分鐘的自我介紹給司儀參考。
- 引介要讓觀眾知道你是誰，為什麼講這件事非你不可。
- 引介的目的是建立講者的可信度，不是為了神化講者。

CHAPTER

5

開場

在文學與詩歌裡，結構被公認是一股解放的力量，而不是一串枷鎖，有結構才有創意。日本俳句裡五－七－五的架構與英國文學裡的十四行詩都說明了美與變化是沒有極限的，而我認為在演講藝術的世界裡也是如此。演講固然一定有開場、內文與結尾，但真正決定演講好壞的仍舊是講者與內容。

演講可以有無數種開場，我這邊就舉三種TED講者最擅長用來征服觀眾的方法來細細說明。首先，請牢記演講開始的前十到二十秒是觀眾注意力的高峰，接下來他們就會開始分心，開始想著晚上要去家樂福採買哪些東西，還有明天吃喜酒要穿什麼衣服。所以你一定要把握演講開始的黃金二十秒，讓觀眾覺得這場演講會讓他們受益良多，不注意聽將是自己的損失。

最適合拿來當做開場的，莫過於講者自己的小故事。我們在接下來的章節會更仔細地介紹故事該怎麼說，現在則先跟大家分享一些祕訣。首先，自己的小故事一定要真的是自己的，親身經歷或個人觀察都行，裡面的大人物最好是別人而不是自己；第二，故事一定要跟講題直接相關，如果你演講的目的是要大家做志工去照顧遊民，那你講個狗會說「我愛你」的故事，無論這故事多可愛，也會讓人丈二金剛摸不著頭腦；第三、第四跟第五點，你的故事一定要說得感性、感人，對話豐富，細節要多到讓觀眾也感到身歷其境。

TED講者中，有一位作家兼成功專家理查・聖約翰（Richard St. John），就在演講開場中示範了小故事的大力量：

我今天的演講，其實是把一場對一位高中生的兩小時簡報濃縮成三分鐘。七年前的某一天，我在飛機上，也是正要飛去參加一場TED演講，我隔壁正好坐著一位高中學生，一個青少女，說得更精確是一位家境清寒的少女。她說道希望將來能有出息，然後她問了我一個問題，一個很簡單的小問題：「怎樣才能成功？」我當時沒能好好回答她，對此我很自責。下了飛機，我來到TED會場，然後我想：「天啊，這會場裡不就是成群的成功人才嗎？我為什麼不向觀眾請益，然後分享給年輕一輩呢？」

理查・聖約翰的TED演講
www.ted.com/talks/richard_st_john_s_8_secrets_of_success.html

你的腦中有出現畫面嗎？你有看見或聽見，那位清寒少女附耳輕問理查成功的祕密嗎？你可以感受到理察的失望與自責，還有他一心想找到方法幫助年輕人的心情嗎？再者，自私一點，你想知道理查發覺的成功祕訣是什麼嗎？想知道的話，你得自己去聽他的TED演講，我可不想爆雷。但你現在知道理查吸引觀眾注意的祕訣是什麼了吧？沒錯，就是切身的小故事。

理查這篇演講極其之短，前後不過才三分鐘，遠比TED一般可講到十八分鐘短了許多。如果理查多用點時間，他可以補充一些細節或對話，比如說，少女的芳名？長的樣子？他們的對話背景是轟隆隆的飛機引擎聲嗎？頭等艙可否傳來誘人的巧克力餅乾香？隻身旅行的少女與四十來歲的企業家不是應該很不搭嘎嗎？對話怎麼開始的？我舉這些例子你應該懂了吧！有多少時間就說多少話、給多少細節。這一點理查做得很好，你也應該效法。

就演講的效果來說，另外兩種開場也不遑多讓。我並沒有偏好哪一種，就先說「驚人之語」好了。驚人之語通常依靠驚人的數據，但你也可以選擇強烈挑戰傳統智慧的個人意見，重點是你所提出的觀點，必須在觀眾中掀起大大小小不同方向的情感漣漪。如果你分享的是某個「是什麼」，台下觀眾就會自動產生一股衝動想知道「為什麼」、「怎麼會」、「什麼時候」、「在哪裡」。致力於兒童營養飲食的名廚傑米．奧利佛（Jamie Oliver）在二〇一〇年有一篇TED演講，他的演講開場用了這個「食譜」：

很遺憾，在接下來十八分鐘的演講過程中，有四名美國人會因為吃進肚子裡的食物而死於非命。我是傑米．奧利佛，三十四歲，來自英格蘭的艾薩克斯（Essex）。七年來我努力救人，用的是我獨特的方式與風格。別誤會，我不是醫生，我是廚師。我沒有昂貴的器材或仙丹妙藥，我用知識和教育救人，我深信食物的力量，而這力量應該深入家家戶戶，讓我們能夠好好享受生命的每一分每一秒。

身為廚師的傑米・奧利佛之所以能觸動觀眾的思緒，是因為他分享了當世的現況：人類正因錯誤的飲食，如螻蟻般喪失生命，而且這些人並不是生活在第三世界的落後國家，而是跟當時的觀眾一樣身處於高度文明。我在想，很多人聽到傑米的演講開場，都會稍微擔心一下自己能不能活著吃完午餐吧！這就是數字的驚人力量，尤其是與觀眾切身相關的數字。還記得那四種神奇的人性需求嗎？生理健康與安全、被愛與歸屬感、欲望與自利、希望與更好的未來。傑米選擇以最原始的人性需求切入，並用數據與修辭讓台下觀眾屏息以待，畢竟誰不想好好活下去！

問題問得好、問得有力量，是演講開場的第三種選擇。某種角度來看，這跟

傑米・奧利佛的 TED 演講
www.ted.com/talks/jamie_oliver.html

「驚人之語」有異曲同工之妙，只差在把話說得更清楚一點。講者可以透過問題，直接讓觀眾知道該往哪個方向思考。比方說，傑米・奧利佛也可以選擇這樣開場：「每天都有三百二十名美國人因為不當飲食而死，而他們跟台下的你沒什麼不同，他們吃錯了什麼？」

如果走「問問題」這條路，我建議你多用「為什麼」與「怎麼做」這兩種問句。因為人類天生有好奇心，「為什麼」絕對是最有吸引力的問法。然後當我們得到「為什麼」的答案後，就會想知道接下來「怎麼做」可以趨吉避凶。先用「為什麼」開場，勾勒出你要講的內容，讓台下觀眾對題目有大致的輪廓，然後再丟出「怎麼做」，就是個完美組合了。再拿傑米・奧利佛為例，他的演講也可以這樣破題：「你要怎麼吃，才不會把致命食物吃下肚？」

我用「為什麼」、「怎麼做」替傑米重寫的兩個開場裡，你可能已經注意到我刻意用了好幾次「你」這個字。「你」是一個神奇的字眼，講者藉由讓聽者開始自省，將一個好問題變成超屌的問題。而這正是講者需要的，講者要讓觀眾開始想到自己和週遭的環境。

這一點上，賽門・西奈克是我看過做得最好的TED講者。他曾經發表過一篇TED演講，關於如何按部就班成為一位傑出的企業領導者，他是這麼開場的：

> 事與願違時，你會怎麼解釋這個情況？或者說，為什麼有些人能做到看起來做不成的事情？比方說，為什麼蘋果電腦的產品能夠不斷創新？大前年、前年、去年、今年，蘋果不斷地超越其他競爭者。但仔細想想，他們也不過就是家電腦公司而已，跟其他電腦公司沒什麼兩樣。他們能運用的人才、合作夥伴、媒體不也跟大家一樣，到底是哪裡讓他們看起來跟別人不一樣呢？

為什麼領導人權運動的是馬丁路德金而不是別人？他並不是唯一受到迫害的人，能站出來演講的人更肯定不只他一個。為什麼是他？為什麼首先發明動力載人飛行器的是萊特兄弟？他們又不是當時資金最雄厚、最優秀的團隊，為什麼最後脫穎而出的不是別人？這背後顯然有什麼共同因素在運作。

開場提出一個問題就夠了，但賽門選擇問一堆「為什麼」。其實這種「疲勞轟炸」、幾近挑釁的問法只要謹慎使用，就可讓效果加倍。因為要成功地在開場串起一大堆問題，你必須確定所有問題都指向同一個答案。藝高人膽大的賽門把「為什麼」跟「怎麼做」搭配運用，讓這兩種問題像乾柴遇到烈火一樣熊熊燃燒，相輔相成。這兩類問題看似不同，但其實有著同樣的初衷，可互相輔助。如果我光用「天空為什麼是藍的？」、「滾石為什麼不生苔？」、「大象為什麼怕老鼠？」一類的問題做開場，你應該只會一頭霧水吧！

我們已經看了三種TED講者常用的開場，分別是個人的小故事、驚人之語，以及強而有力的問題。現在，讓我們更進一步來看看，開場的前後要注意什麼。

身為講者，十次中有八、九次你可以從三種標準開場中擇一，但偶爾你會遇到比較特殊的狀況，迫使你不得不做一些必要的調整。我所謂特殊的狀況，指的是現場觀眾的浮躁程度高低。一流的講者能夠依照現場的狀況順勢起頭，然後用後面的演講將觀眾的情緒導向自己設想的方向。如果場內觀眾的情緒過於高亢或者過於低盪，這時候講者必須在正式起頭前再來一個小小的「開場的開場」，好導引觀眾進入適合聽講的狀態。

我假設肯・羅賓遜爵士來到TED談教育改革時，台下的觀眾已經聽演講聽了少則幾小時、多則數天，早就快坐不住了。不管演講再精采，聽多了也是很累人的。於是羅賓遜爵士當時所面對的，是一群焦躁不安的觀眾，所幸幽默的他在正式起頭之前，用幾句話就讓觀眾笑了出來，才紓解了現場緊繃的氣氛。如果你的演講要定調為好笑，你在前三十秒有沒有讓觀眾笑出第一聲將是關鍵，厲害一點像羅賓遜爵士只花不到十秒：

> 早安，你好嗎？還不錯，是吧。這次的活動太精采了，我的魂魄都快飛到九霄雲外了，事實上我真的要走了。（觀眾笑）這次會議的主題有三部分，三個議題貫穿整場會議，我今天要講的東西也跟這些議題有關。首先是今天在場的各位，還有我們聽到的每場演講，都是人類創造力或創意的明證，題目之廣，討論之深，都令人讚嘆；再來是這些演講讓我們驚覺未來的無限可能性，沒有人知道明天會怎樣，未來會怎樣。沒有人知道歷史會如何演進……

羅賓遜爵士不僅幽默，還用了一種開場回溯的技巧來拉近與觀眾的距離。一般來說，這個技巧可在演講結尾時看到，也就是講者將演講前段成功的梗拿出來再用一次，這裡的開場回溯則使你的講題與之前講者的講題產生連結。如果你是第一位講者，則可以把一些眾所周知的大事拿出來講，或者提一下你上台前巧遇的觀眾，也可以說說會場當時的狀況。這項技巧的重點是一定要給人一種自然而不造作的感覺，要讓人覺得你是臨場發揮而不是在套招。就以羅賓遜爵士為例，他就讓觀眾覺得這場演講的開場是講者專為他們設計的。

「開場的開場」也可以用在場子太冷的情況。有時候你的演講內容太硬，觀眾可能因為感到陌生而不知如何反應，但說真的這種狀況我還沒有在TED演講遇過，因為TED演講的講題大部分都很吸引人，觀眾對那些內容也容易有一定

肯・羅賓遜爵士的TED演講

www.ted.com/talks/ken_robinson_says_schools_kill_creativity.html

程度的掌握。但在其他論壇我倒是見過這樣的狀況，二〇〇〇年Toastmasters世界演講冠軍艾德・泰特（Ed Tate）就是把冷場搞熱的高手。有一次他要上台分享他個人遭到種族歧視的故事，但在正式開始前，他在台上靜默了整整十秒，才爆出一個種族歧視用詞。乍聽之下十秒好像不算長，但你有機會試試就知道，台上的十秒不管對講者或觀眾，感覺就像十年。刻意的沉默是講者的祕密武器，請小心謹慎使用。

另外一種值得一提的小開場，是請觀眾想像自己身處在某個特定的場合或環境。麻省理工學院研究員戴博・洛依（Deb Roy）在分享自己的新生兒怎麼開始習得語言之前，請TED2011的觀眾想像自己身處在一場新奇的社會實驗中：

艾德・泰特於二〇〇〇年的Toastmasters演講
www.youtube.com/watch?v=v6kOQZq6yGg

想像一下，如果你可以記錄自己的生活，包括你說的每句話、你做的每件事，都可以在你指尖的記憶庫中無限存取，讓你可以隨時重溫任何難忘的回憶或片刻，或回過頭反省檢討自己的行為，觀察自己是否有尚未被發掘的反覆模式。嗯，我不用想像，因為這五年半來我們家過的就是這種日子。

開場最重要的任務，就是要在不知不覺中讓觀眾覺得你的演講值得一聽，而從這樣的想法出發，演講的開場也需要一個小小的收尾。這個小結論的用意就在於把話挑明，讓觀眾從不知不覺變成「原來如此」，他們需要知道聽你講話可以得到什麼，乃至於多快可以得到。很長一段時間我都謹遵三種開場圭臬，而我的正字標記開場白是：「接下來的四十五分鐘，我要分享幸福的三個祕訣」。「我要分享」會比「我會告訴你」好很多，但這當中還是有幾個問題。首先最重要的一點，這樣的開場是以講者而非觀眾為中心，觀眾聽了會知道你要講什麼，但他們還是不知道自己可以得到什麼。再來，這樣的說法沒辦法引發觀眾內心的共鳴。好的小結論應該讓觀眾在腦中浮出演講的架構，所以我想未來我應該把開場白改成：「四十五分鐘之後各位走出這裡，你會多了三項法寶去追求幸福，我想分享的是三個A開頭的字。」這樣的講法是以聽者為中心，觀眾會知道待會將獲得追求幸福的三個法寶，他們的心態會從被動聆聽轉變成主動搜尋。

好記的口訣，像是「沖脫泡蓋送」這類的縮語，或是「三個A開頭的字」，都能順利幫助觀眾掌握演講內容。但不要一開始就講明「沖脫泡蓋送」代表什麼，三個A又是哪三個A。你要忍住，因為尋寶是觀眾的樂趣，講者不應該剝奪觀眾的樂趣。

戴博・洛依的TED演講
www.ted.com/talks/deb_roy_the_birth_of_a_word.html

身為講者我很喜歡三個一組，因為三樣東西最容易讓人留下印象。你可以把內容規劃成三個步驟、三類主題、三種策略、三項建議、三個工具。不相信的話，你知道史提芬・柯維（Stephen Covey）說過效率高的人有七種習慣吧？很多人都知道有七種，但你記得是哪七種嗎？聖經裡有十誡，美國憲法有十條修正合稱人權法案，你知道是哪十條嗎？傑克，威爾許（Jack Welch）說的四E你知道是哪四E嗎？我賭你說不出來。

好的開場有無限多種，我們講不完，但至少你要知道有哪幾種壞的開場該避免。TED對放上網路的講者固然很挑，但你可能不知道TED連口誤、說話不得體，甚至讓人聽了不舒服的內容也會修掉。這就是為什麼你在網路上看不到有差勁開場的TED演講。

無論如何，還是有些差強人意的開場要避免，這邊列了一些出來：不要引用別人的話開場，就算跟主題相關也藏不住老派；不要用笑話開場，原因同上；不要用任何稍微有一點點會冒犯到觀眾的言語開場；不要用呆伯特（Dilbert）的梗開場，像什麼「喔，要是我每次怎樣怎樣都可以賺一塊錢的話……」；不要用「謝謝大家」開場，要謝等演講最後再謝；不要用「在我開始演講之前，首先我要怎樣怎樣」，因為第一個字出口你已經開始演講了。

還有一種開場幾乎是百分百錯誤，那就是「帶活動」。網路上有一段演講影片，主題是領導人的魅力。演講的內容很扎實，講者的台風也很穩健，唯一有問題的地方是開場。這位講者一劈頭就請觀眾從座位上起身，把手放在心臟的位置，然後轉身往前走一步。這時候他說，現在他回去可以跟老闆說，他的演講做得很成功了，因為他讓觀眾「重新站起來、觸碰到自己的心、調整方向，最後朝著正確的道路邁進了一步」。這其實是個巧妙的花招，但仔細觀察就會發現有些觀眾覺得「被耍了」。更何況，這個活動跟演講的主題根本沒有直接關係。事實上，從很多層面看來，這個活動還與演講所討論的領導魅力背道而馳，減弱了演講本身的說服力道。

天底下的定律或原則都有例外，所以我說盡量不要用活動開場，而不是絕對不能用活動開場。如果你的活動可以準確呼應到演講內容，同時也完全沒有操弄觀眾的意思，那活動還是可以嘗試的。比方說雷吉娜．湯瑪莎烏爾（Regena Thomashauer）就在TEDxFiDiWomen的演講中要女性朋友擁抱快樂，從快樂中汲取力量、熱情、熱誠與創意。被暱稱為吉娜媽媽的她，由三位男士扛上台，擴音器裡傳來的背景音樂是嘻哈鬥牛犬（Pitbull）的〈我知道你要我〉（I Know You Want Me）；男士們在震耳欲聾的樂聲中把她放下來，吉娜媽媽就開始跳舞，一邊還大喊著：「來吧！跟我一起跳！」這時候鏡頭一拉遠，席間的觀眾都已經站起來，隨著音樂律動了。音樂一停，吉娜媽媽說：

很好玩吧？喜歡嗎？大家知道我在幹嘛嗎？我剛剛讓大家的身體充滿一氧化氮。知道為什麼嗎？開心是會有生理反應的，很大的生理反應，像我們剛剛不過開心三十秒，身體已經開始燃燒熱量，血液循環也開始加速，而一氧化氮就是這過程中釋放出的物質。人體一感受到一氧化氮出現，內分泌系統就會釋放出貝他腦內啡（beta-endorphin）與促乳素（prolactin）等神經傳導物質。

在這個例子中，活動有正面效果，因為跳舞與講題完全相關，而吉娜媽媽成功地用活動傳達出她的熱情與目的。

正所謂起承轉合；開場結束後，再來就要轉入正題了。

雷吉娜・湯瑪莎烏爾的 TED 演講
tedxtalks.ted.com/video/TEDxFiDiWomen-Regena-Thomashaue

本章重點

- 台下過冷過熱請用「開場的開場」來調節。
- 理想的開場包括個人的小故事、驚人之語與強而有力的問題。
- 開場的尾聲要說清楚觀眾可以從你的演講中得到什麼，又多快可以得到。

CHAPTER

6

轉入正題

假設你要蓋一棟房子，你必須先懂得如何打好地基，然後學會如何用牆壁、屋頂與梁柱互相輔助。你的第一棟房子可能醜醜的，但只要你的地基打好、樑柱插好，那房子醜歸醜並不會倒。經驗慢慢累積，你將懂得什麼叫「功能無礙於外型」，你會知道不要讓鋼筋露在外面，除非你刻意想要呈現後現代的風格。總之熟能生巧，哪天不論你要向芝加哥早年摩天樓設計師路德維希・密斯・凡德羅（Ludwig Mies van der Rohe）致敬，要臨摹他的「皮包骨」風格，還是你要採用古根漢畢爾包美術館建築大師法蘭克・蓋瑞（Frank Gehry）的「流動與解構」之舉，都在你的一念之間。

對修行中的講者來說，演講就跟建築一樣，新手講者首先要學習建立的就是地基與樑柱，而演講的地基與樑柱不脫三件事：預告、正題、呼應，掌握這三點你就可以立於不敗。問題是新手講者有時候太老實了，不懂變通，結果演講變成：

開場：為什麼有些水果有益健康，有些吃了卻容易發胖？聽完這十分鐘的演講，你會知道哪些水果可以延年益壽，這些水果包括巴西莓、枸杞跟石榴。

正文：這些所謂的超級水果對身體有什麼好處，讓我們來看看，首先說起巴西莓……

比較起結構鬆散的演講，這樣的開場算是四平八穩，觀眾會很清楚講者要說什麼，也會做好準備聽起這些水果的好處。問題是，這樣的結構也未免太清楚了一點，有點無趣。為了更上一層樓，講者必須在起承轉合間添加風趣充做潤滑劑。

就以上面的水果演講為例，講者一開始透露出太多細節，連超級水果是哪三種水果都講得一清二楚。聰明一點的講者應該讓觀眾的腦筋動起來，讓台下產生好奇心。講者可以說：「有三種水果可以讓你多活健康的十年，而且你知道嗎？這三種水果你絕不陌生。」或者「有三種神奇的超級水果可以延年益壽，早中晚餐都可以吃，你想知道嗎？」這樣的說法或問法一樣可以讓觀眾準備聽下去，同時撩撥起他們的興趣，感覺就好像奧斯卡頒獎典禮，觀眾會期待你陸續揭曉每一種水果，並且為你接下來的說明和舉證起了個頭。

進入演講的正文，你就必須對觀眾有所交代。通常開場負責的是「什麼」，正文負責的是「為何」跟「如何」。不論你的講題有多長，我都強烈建議你把正文分成三部分，然後每一部分負責一部分細節，至於細節要多細，就看你有十八分鐘還是六分鐘可講。剛剛好三部分的好處是你永遠知道自己人在哪，講到哪，觀眾也不會被你搞得暈頭轉向。

其實用哪一種架構並不是重點，重點是要有架構。而最常用也最好用的三種結構分別是「成案／辦案／結案」、「前因後果」與「理念闡述」。

首先，「成案／辦案／結案」做為演講正文的架構，最能迅速讓觀眾體會正文中的三分天下，這一點對你「改變想法、促成行動」的目標極其有利。在第一部分，你可以用比較中性的口氣描述一個情境或狀況，你可以想像自己對著一群有興趣、但不了解事情來龍去脈的觀眾，而你的任務是要說明事件的背景，這就是「成案」。第二部分，你要讓觀眾知道這世界有什麼不對或不夠好的地方來引起觀眾的共鳴，而這些不盡人意的地方可以是危機也可以是轉機，這就是「辦案」。

第三部分，你得提出方案來解決第二部分所提到的問題或麻煩，直到把危機變成轉機，這就是「結案」。

二〇〇九年的TEDGlobal演講中，丹尼爾・平克（Daniel Pink）就用了這樣的架構，他的主題關於知識型員工如何提高生產力與幸福感。在演講的第一部分（成案）他說，自古以來管理者都用「身外之物」來利誘員工，這適用於機械化的勞動工作；第二部分（辦案）他說，知識型白領員工則可以由內在的、抽象的動力來驅動，對這類型的員工太強調金錢，反而可能妨礙員工思考，進而影響工作表現；第三部分（結案）他說，下個世代的企業領袖必須重新思考如何激勵員工，思考的重點分別是自我管理、專業精進、工作意義。

丹尼爾・平克的TED演講

www.ted.com/talks/dan_pink_on_motivation.html

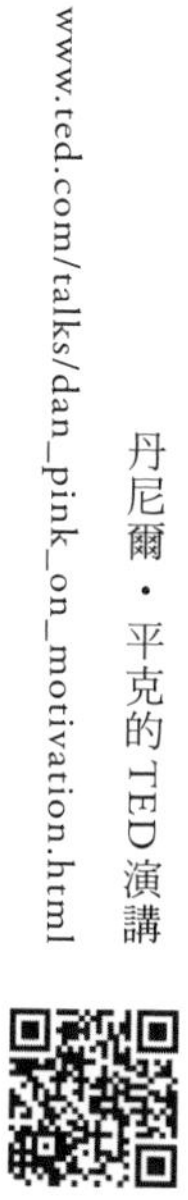

按照時間順序交代「前因後果」，是第二種可以用在TED演講的內文架構。某些講者善於從過去講起，例如《享受吧！一個人的旅行》(*Eat, Pray, Love*)的作者伊莉莎白・吉兒伯特(Elizabeth Gilbert)在TED2009中告訴台下觀眾要對恐懼說不，不要因為恐懼而在自己的人生中缺席。吉兒伯特女士穿越時空，闡述了從古羅馬到文藝復興到現代，人類對創意的想法歷經了哪些改變。另有更多講者會以自己的生活經驗與心路歷程來配合講題發揮，像奈及利亞作家奇馬曼達・阿的奇就在演講中談到面對文化的多元性，她如何從陌生到認識到相見恨晚。她從小時候讀西方文學開始說起，接續與非洲作者作品的邂逅，在美國大學的體驗，然後以墨西哥之旅做結。

如果是時間比較短的TED演講，就可以考慮使用「理念闡述」的架構。脫口秀主持人大衛・賴特曼(David Latterman)的節目裡有個排行榜單元，每次不同主題，然後列出前十名。你可以使用相同方法來做「理念闡述」，就會有充足時間列舉出論點及實例，不會因為故事說不完而虎頭蛇尾。使用這種架構時，重點的順序往往可以調換。我舉個例，理查・聖約翰曾經用TED演講跟全世界分享成功的八個祕密：做你所愛、全力以赴、熟能生巧、相信自己、以誠待人、多聽多看，另外兩個祕密你再上網去聽吧。

不論你選擇哪一種架構，好的演講有個共通點，就是在每一段裡頭都取得左右腦的平衡。故事或活動可以刺激管理情緒的右腦，資訊、策略、訣竅與技巧可以說服左腦，兩邊都照顧到你就可以「改變想法、促成行動」。你講著講著，觀眾就會跟著你歷經情緒的高低起伏，準備好資訊與道理，你就會看見人性自然流露出的質疑與好奇。

伊莉莎白・吉兒伯特的TED演講

www.ted.com/talks/elizabeth_gilbert_on_genius.html

假設你已經為人父母，你的孩子對花生有嚴重到會致命的過敏，而你正在對同所幼稚園的家長講話，希望他們不要讓孩子帶夾有花生醬的三明治到學校吃。這個狀況下，如果完全訴諸理性，你講出來的話可能會像：「你們知道美國有百分之零點五的人有會致命的花生過敏嗎？對這一千五百萬名美國人來說，花生醬就像機關槍一樣沒兩樣。」聽你這樣說，家中有人對花生過敏的家長會很買單，但家裡沒有人對花生過敏的家長就只會禮貌地聽完，回家照樣幫小孩做花生奶油三明治。

要真正對觀眾產生影響，你必須在冷冰冰的資訊外，包上扣人心弦的故事。換做是我，我會這樣去包裝冷冰冰的數字：

二〇〇二年一個炎熱的八月天，我太太跟親戚帶著我兩歲的女兒艾瑪去海邊玩水玩沙。回來的路上他們經過一家麵包店買了些東西，也餵艾瑪吃了一口花生塔。結果艾瑪開始出疹子，剛開始一個兩個，後來長到全身都是，小艾瑪的皮膚還變得又紅又腫。他們轉進前門要停車時，我還不清楚狀況，開心地跳出來要抱寶貝女兒。進了門親戚說要不要給艾瑪洗個澡，但我只看了一眼，馬上飛車帶艾瑪到最近的醫院急診室。候診時她氣若游絲地說完「把拔我愛你」就昏了過去，我立刻抱起混身無力的她，大喊著：「我女兒不行了，誰幫幫我！」這時有位好心的醫生幫她打了一針類固醇，局面才沒有演變成憾事。

當然這樣的故事也不見得能感動每個人，但絕對比丟一些數據出來好很多。

演講中的每一個段落，你都要提出問題，讓觀眾在內心裡反思自己的生活。假設是小型的論壇，你可以請參與者簡單分享；要是演講的場合比較大，沒辦法請台下回答，問問題仍舊是可行且必要的。透過問題，你可以把單向的演講提升成雙向的對話，觀眾的回答可以在心裡，可以表達在肢體語言上。

統計數據不是不能提，但是記得一定要用經驗或比喻與情感去調合，比較一下「每天有七千萬個美國人與心臟病共處」跟「想想你最親近的三位親友，加上你自己，我打賭你們四個人裡面有一個人會死於心臟病」，哪種說法比較令人印象深刻？同樣地，前一章提到的傑米．奧立佛也在開場中提到他演講的十八分鐘裡，就會有四個美國人因為飲食習慣欠佳而死亡。

在這一章的一開始，我們談過怎麼從演講的開場順利過渡到演講主文的第一部分，我們這邊小小地溫習一下。要順順地起承轉合，有一個方法是開個小玩笑來集中觀眾的注意力。演講的破題通常不長，所以小玩笑足矣，但如果是主文的第一部分要過渡到第二部分，那你就得多傷點神了。主文的各段通常比較長，如果是十八分鐘的演講，主文的每一段通常長達五分鐘，這樣的話你必須在轉折處幫觀眾把說過的小故事與提供過的數據加以整理溫習；奈及利亞小說家奇馬曼達就在二〇〇九年的 TED 演講中做了完美的示範：

我所讀過的作品裡，人物角色對我來說都是外國人，所以我有個根深蒂固的想法，書裡頭一定要有外國人，也一定要有跟我的生活經驗大相逕庭，甚至於背道而馳的人事物。（暫停）但我後來發現，非洲出版的書很不一樣，首先非洲出版的書不多，尤其跟其他地方的書比起來，非洲的出版品更是鳳毛麟角，想找還不一定找得到。

在上面這段轉折中，她大略地回溯了從小閱讀英國書籍的經驗與感覺，她用刻意的暫停加上「但我後來發現」提示轉折的語氣，她用比較輕鬆的語氣在這段「過場」中與台下對談，與主文中的熱血形成反差。整體而言，奇馬曼達把起承轉合中的「轉」做得相當細緻而平順，同時也清楚地預告了她接下來要談非洲文

奇馬曼達・阿的奇的 TED 演講

www.ted.com/talks/chimamanda_adichie_the_danger_of_a_single_story.html

學與英美文學間存在著什麼樣的差異。

本章重點

- 善用轉折與過渡的段落來強化現有的重點，並且給予觀眾一些刺激，讓他們對接下來的收穫有所期待。
- 盡量用「成案／辨案／結案」這樣三段式的結構來形塑演講主體。
- 理性的事實要搭配感性的故事。

CHAPTER
7
做結論

交代完主文，就該做結論了。一旦你讓台下知道快進入結論了，觀眾的注意力就會更加集中，所以這時的措辭非常重要。你當然可以說：「現在，結論是……」但這樣稍嫌沒創意了點。想要有點變化的話，你可以說：「時間過得真快，演講快結束了，而各位的未來即將展開」或「現在是各位下定決心的時候了」。

結論是講者「改變想法，促成行動」的最後機會。你必須創造出一種急迫性，而要達到這個目的，有個辦法是使用短句，並在聲音中加入熱情。另外，你結論中的每個環節都必須跟演講的主題呼應，你的目標必須是強化觀眾的「收穫」，也就是演講中的

「為何」。改變不容易，也因為如此，你必須在結論中提供觀眾一個簡單的第一步，讓他們今天立刻可以朝著正確的方向前進。必要的話，你甚至可以打出「恐嚇牌」，說點像是「今天不做，明天就會……」的句子。

你的演講是為了推動改變。設身處地問問自己，觀眾有沒有終極的理由來抗拒你的訴求。身為一位講者，要做到這一點並不容易，我建議你可以找一位朋友來當壞人「吐你的槽」，讓你有機會把演講的內容修整得更好。

結論千萬不要只是短短乾乾地好像在唸稿，也不能忍不住又加入新東西。TED講者用過很多種結尾，其中很常見的一種是把開場說過的小故事（感人）、統計數據（驚人）或問題（用來激人），拿出來再複習一次，算是前後呼應。另外一種做法是再說一則別的故事來給人希望，比方說舉例有人用了你演講中的「如何」（方法），而結果非常好。結論所說的故事要避免聚焦在自己身上，否則會有「造神」之嫌，容易引起台下反感，讓你前面與觀眾建立起的默契毀於一旦。

當然你也可以丟直球，用直接的問題要觀眾起而行。你可以把口號搬出來，先說出前半段，然後示意觀眾接下半段，就像歌手開演唱會那樣。以賽門•西奈克的演講為例，他的結尾就可以說「消費者掏出錢不是因為你做了什麼」，然後留下空檔讓觀眾接「而是你想到什麼」。

布蘭・布朗（Brene Brown）是休士頓大學社工學院的教授，我覺得她的TED演講收尾很經典。布朗博士的TED演講試圖改變大家對「脆弱」的看法，希望大家從此不再把「弱點」當成痛苦的來源，而是將之視為力量的泉源。她給觀眾的觀念是去擁抱自己的脆弱，然後藉此活得豐富，活出精采。她的結論正強烈地宣示了這樣的觀點：

但路不是只有一條，這也是我要送給各位最後的禮物。我發現，要讓別人看見我們，深刻地看見我們，看到脆弱的我們。全心去愛，即便不確定能有回應。這很難，我是當媽媽的，我知道要微笑與感激去面對恐懼與疑慮，很難，因為我們會想：「我有辦法這麼愛你嗎？」、「我能全心相信這一切？」、「我可以保持熱情嗎？」。但就是要相信，我們才能停止負面的思想，停止所有的悲觀，而能對自己說：「我除了感激還是感激，因為感受到自己的脆弱，我才感受得到自己是個活人。」最後，也是我認為最重要的一點，是要相信我們需要的一切都在自己身上。只有從這種知足的心境出發，只有在我們能對自己說「我已足夠」時，我們才會停止吶喊，才會開始傾聽，這樣的我們會對人更溫柔，對自己也會更溫柔。

這就是我能給各位的全部建議。謝謝。

注意到了嗎？布朗博士用了不只一個、而是三個轉折用語來提醒台下她要做結論了：「但路不是只有一條」、「這也是我要送給各位最後的禮物」、「我發現」，這三個訊號中間都有刻意稍做停頓，好讓觀眾集中注意力。布朗博士的結論要力量有力量、要切身夠切身、要情緒有情緒。她丟出的問題讓人回神，因為自我懷疑是每個人都有的問題，而在提出問題後，她又立刻能給人方向、給人希望，這個方向就是「我已足夠！」我可能有點雞蛋裡挑骨頭，但如果要我再給布朗博士一點點建議的話，我會把「我」改成「你」。

關於結論的最後一件事，那就是到底要不要說「謝謝」。這個問題很難有定論，有些人覺得最後一句感謝可以加深與觀眾的連結，有些人則認為道謝會削弱

布蘭・布朗的 TED 演講

www.ted.com/talks/brene_brown_on_vulnerability.html

演講主題的力道，讓你的權威破功。兩邊都對，這是複選題。如果一定要選邊站的話，我只能說大部分的TED講者都會道謝，算是個不成文的規定吧。如果實在不想言謝，奈傑‧馬許（Nigel Marsh）的結尾你可以參考一下，他分析完工作與生活如何取得平衡後，結尾是：「剛才說的，我想，還值得分享吧！」

記住，演講過程中一定要不斷穿插故事跟事實，其中故事又比事實更重要。因為說到底，想要改變是出於感性的衝動，而非理性的邏輯。下一章，我們來談談TED講者怎麼說故事。

本章重點

- 做結之前給台下提示，提示的語言以清楚為上。
- 用「為何」去強化演講主題的力道。
- 讓觀眾知道「入門不難」，並用「急迫性」去促成觀眾採取行動。

奈傑・馬許的 TED 演講

www.ted.com/talks/nigel_marsh_how_to_make_work_life_balance_work.html

CHAPTER

8 故事怎麼說

如果你想讓台下的人無聊到打呵欠、流眼淚、扯頭髮、咬指甲，大可以十八分鐘一直唸數據、說事實。當然實務上，TED主辦單位絕對不會讓這種事發生。演講的每一部分包括開場、主文、結尾，都是說故事的機會。你可以學吉兒・波特・泰勒取自己的中風經歷拿來講一則比較長的故事，也可以學其他TED講者說一堆小故事。

首先，當然是該說什麼故事？嗯，理想上當然是我們親身體驗或目睹的故事，除非別人的故事實在太精采，可以為生冷的數據添加生氣。閱歷豐富的大眾心理學作家馬爾康・葛拉威爾（Malcolm Gladwell）寫過《決斷2秒間》（*Blink*）跟《引爆趨勢》（*The Tipping

Point），他的TED演講因為用了「義大利麵醬」為例，說明快樂來自於接納人類的多樣性而廣為人知。他認為，成功的義大利麵醬的關鍵，在於提供各種類型給不同喜好的人們選擇。為了證明這樣的看法，他得藉助別人的故事：

我決定換個辦法，來談談一位過去二十年當中，帶給美國人無上快樂的人，這人在我心中是一個大英雄。他叫做霍華・莫斯可維茲（Howard Moskowitz）。他之所以特別，是因為他給了義大利麵醬新的生命。

霍華大概就這麼高吧，身材圓滾滾的，六十多歲。大大的眼鏡、稀疏的頭髮，但神采飛揚外加活力十足。他養了一隻鸚鵡，喜歡聽歌劇，還是歐洲中古歷史的業餘專家。

上面短短不過幾句話，但葛拉威爾不知不覺中完成了兩項「壯舉」。首先，他讓霍華這位很有特色的老人家生動地出現在觀眾眼前；與其說葛拉威爾在介紹霍華，不如說他用文字在替霍華拍照。他大可以只說：「莫斯可維茲博士是個博學多聞、興趣甚廣之人。」但是他點出霍華喜歡鸚鵡、歌劇、中古歷史，而達到栩栩如生的效果。

葛拉威爾的第二項聰明之舉，是賦予霍華一個英雄形象。最笨的講者才會老王賣瓜自吹自擂，正確的做法是讓自己中性一點。你可以擔任領導的角色，但不能表現得比觀眾優越；你可以在自身或他人的故事中將別人塑造成英雄，你就會被襯托得像是個平常人；你可以分享自身的失敗、挫折與缺點，藉此拉近與台下的距離。我很欣賞的一位講者是克雷格・凡倫廷（Craig Valentine），他是一九九九

馬爾康・葛拉威爾的 TED 演講

www.ted.com/talks/malcolm_gladwell_on_spaghetti_sauce.html

年國際演講會Toastmasters的公開演說世界冠軍，他說過：「藉由特別的方式讓觀眾認為講者是自己人。」所謂特別的方式，就是我們前面談的「如何」，也就是大方分享。

《享受吧！一個人的旅行》的作者伊莉莎白・吉兒伯特是TED2009的講者，她當時沒有照著克雷格的建議，她把自己一夕成功的故事搬出來講：

> 怪的是我最近寫了一本叫做《享受吧！一個人的旅行》的自傳書。這本書跟我以前的作品很不一樣，但卻在世界各地成為暢銷書，理由我也不太清楚。

她是無心的，而且她之所以提這本書是因為她後面要自我解嘲，她真正想鋪陳的是自己的成功完全是意外，以後應該也無法超越了，但無論如何傷害已經造成。而且同樣的錯誤她後面還犯了第二次，她在要進入結論時說到自己的新書

「受到外界過高的期望，畢竟上一本賣得實在好得很誇張。」吉兒伯特小姐沒有惡意，真的，她是真的很驚訝那本書會暢銷，搞不好全世界最不相信那本書會賣的就是她自己。問題是驚訝自己這麼成功在台下看來就是在造神。好在這個失誤並沒有犧牲掉整場演講，她說到如何克服自我懷疑、如何跟著熱情前進。她的演講成為點閱次數第十一名的TED演講，正面影響了許多人，包括我。但我們不能結果論，自我膨脹或者讓人以為你在自我膨脹仍舊必須避免。

當你有了要說的故事雛型後，接下來要確立演講的結構。不敗的做法是先介紹人物出場，替他們套入一個情感糾葛的衝突，最後再來個結局。這樣就是一個典型完整的英雄故事。

有血有肉的真正角色是故事精彩的保證。描繪清楚角色的特質，觀眾就能聯想到自己身邊的人，而要幫助觀眾建立這樣的連結，講者可以善用生動的語言。

故事中的角色通常以人物最為有效，但你也可以視情況替換成不同的企業、動物或場景。為了方便介紹接下來的情感糾葛或利益衝突，你一定要清晰地描述角色的需求與欲望。

邀請觀眾進入你的故事，讓他們親身感受角色的心路歷程與掙扎。每個角色都應該被賦予獨特的個性，包括你眼中的他們（外型、姿態）、你聽到的他們（說話聲音、語調、口氣）、你感受到的他們（個性、好惡）等。與其像課本一樣轉述事蹟，不如活生生地「原音重現」一段對話，就算稍微添油加醋一點也沒關係。

有個小祕訣能讓你的角色在講台上有個固定位置，就像你在跟空氣說對口相聲一樣，當要替某個角色發聲時，就站到某個特定位子。當你回復為敘述者時，可以往前邁一步，當你退回去時，台下就會知道你是在扮演某個角色。

透過在個性中安插角色的需求，可以讓觀眾切身感受到角色心中的掙扎，讓觀眾也盼望著問題最終能得到化解。即便只是一個小小的需求，也可以為你的故事添色不少，能鋪陳多少角色的需求就看你可以講多久時間而定。理想的狀況下你可以慢慢鋪陳，埋下一個又一個的挫折、障礙與伏筆來為結尾做準備。角色面臨的自我、人際與社會衝突愈多愈好，愈大愈好，緊張懸疑的戲大家愛看，電視電影如此，演講也不例外。

說到電影，演講的高潮真的可以師法好萊塢。好人壞人太明顯就沒意思了，每一步都掙扎萬分才能讓角色顯得有血有肉，而他們之所以掙扎，是因為必須做出較好的抉擇，或者必須兩害相權取其輕。

故事的結局不是好就是壞，不要卡在中間，當然伏筆也是一種選擇，但那比較適合準備要拍續集的電影。好的結局可以是「正增強」，台下聽了會想「這我也行」，壞的結局則比較適合用來當做教訓。關於結尾，我是比較推薦給觀眾糖吃，因為長期而言，用誇的一定比用罵的有效。結論既然是你最後用來分享智慧的機會，那說說你自身的感受，好的感受，當然更能增添演講整體的深度。

悲劇結尾是一把利刃，不輕易出鞘，一出鞘就要讓觀眾知道有多重要。對從事營建業或執法等高風險工作的人來說，要讓他們注意到安全多重要，最好的辦法不外乎說聲：「注意點，不然下一個躺下的就是你，而這完全是可以避免的」。如果確定故事要用悲劇收場，最後一定要花點時間挑明這悲劇不是必然，遇到了又該如何避免。

故事要經得起觀眾的思索與琢磨才能稱做好故事，就像剝洋蔥一樣每層都有不同的智慧。這樣的故事，重點在於不要過度用結局評價一切，觀眾才會去思考過程中的可能性。而要經得起觀眾的思考與反芻，角色的情感厚度就要夠，故事的細節交代也不可以馬虎。

故事就是故事，不用刻意客觀。真要說起來，你會發現精采的故事往往都很主觀。你必須在故事中展現出自己的情緒與個性，而要這麼做就不可能畏畏縮縮隱藏自己。偶爾你也可以嘗試用不同人的觀點去講述同一件事，這也是個滿有趣的方法。

大家都喜歡樂觀積極、風趣熱血的真人真事，所以樂觀正向的故事遠比悲觀負面的故事來得有效果，不用怕氣氛不對就不敢在故事裡表現樂觀。或者你可以看情況先消毒一下，事先說明有些事情確實有可議之處，最後再給出好的結論或結局。

有心的話，你甚至可以先規劃好故事過程中的情緒高低。如下圖所示，隨著

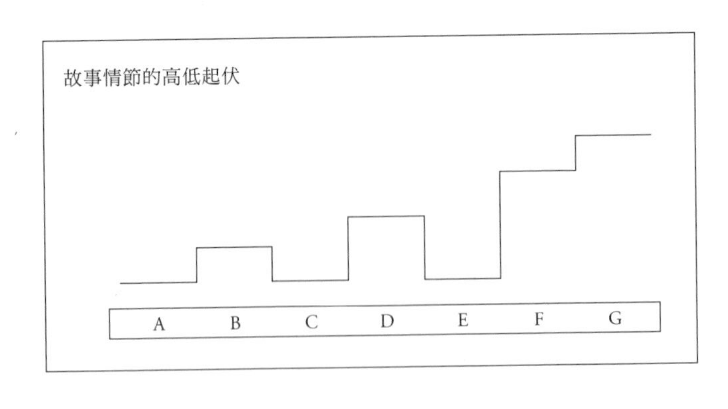

故事的主人翁從失敗到成功，從悲傷到幸福，現場的感受也剛好由低盪到高潮。

上圖有A到G等階段，一開始故事主角在A，這時候的主角徬徨不知所措，同時間觀眾應該處於一種「期待又怕受傷害」或是冷眼旁觀的狀態。階段A的角色跟觀眾都相當於剛出發的旅客，一切都還未定之天。到了階段B，主角遇到第一個難關，然後會旗開得勝，但到了階段C，主角發現自己的方向正確但是努力不夠，於是階段D得再接再厲，突破第二個關卡。階段E時，主角又再度發現自己的方向正確但是努力不夠，於是階段F只得面對極大的難關。唯有通過這三關，主角才能抵達位於G的目的地，進入一個新的階段。過程中的三個難關要對應主角的三種行動或三項策略。

身為講者，演講內容的每項重點都要結合故事與事實，向拳擊手一樣左右連發。運用這一章所介紹的技巧，讓人物情感與角色對話交織出精彩的故事與論述。接下來在本書的第二部分，我們要介紹TED講者所擅長的各種語言與非語言的說故事技巧。

本章重點

- 故事要源自親身體驗或觀察。
- 穿插各種感官來描述有血有肉的人物與真實發生的對話，來達成「介紹，不如拍照」的技巧。
- 用故事角色的遭遇、奮鬥與成功，讓台下觀眾歷經情緒的起伏與高低。

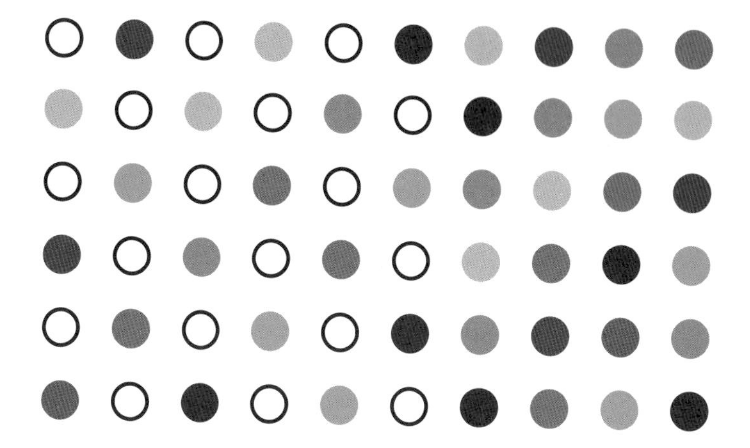

第二部　演說的設計與執行

CHAPTER

9

口條

為了無愧於TED舞台，好的口條是必備條件。其實平日的對話就是縮小版的演講，所以你有很多機會可以練習。不過平時對話的習慣像一把兩面刃，如果你平常聊天時說話習慣不好，這些缺點上了台也會被放大。所幸只要稍加練習，你台上台下的表達都可以進步。

扣除少數的全職講者與受過舞台訓練、特別能說故事的人，大部分TED講者的舞台形象不外乎兩種。如果你具有學術背景，可以扮演在實驗室裡待太久又有點怪癖的教授。這種形象你一定不陌生，這樣的人出現在你面前，你的內心旁白八成是：「哇！這人宅得很自得其樂呢！」

多數TED講者傾向營造一種一對一在跟人聊天的感覺。為了做到這一點，講者得用原本的正常聲音說話，要誠摯、熱情、謙遜。句子應該短而完整，用語要日常，咬字要清晰，術語能免則免，最理想的做法是只使用小學六年級程度的語言。熱情加上好奇心，就會有感染力。而所謂謙遜，指的是用引導的語氣與台下分享事情，而不是以專家之姿給人上課，不要把你所知當成炫燿的工具。這一點要特別小心，因為一點點的自我膨脹就可以壞了一鍋粥。

說到在台上自然流露熱情，就不能不提已故的蘋果創始人賈伯斯（Steve Jobs）。二〇〇五年他在史丹佛大學的畢業典禮上發表過一篇非常動人的演說，當時他就已經顯現這方面的特質，但真正展現出他這項特點的，是之後在蘋果產品發表會上的演講。介紹起蘋果的新產品，他開口閉口都是「神奇」、「難以置信」，言談中盡是感動與激情。聽他說話，你完全可以感受到他想改變世界的毅力；聽他說話，你會想要與他同行。

一般人演講甚至平時說話都有個大毛病，那就是贅詞太多。除了顯而易見的嗯嗯啊啊之外，有些字眼在偽裝底下其實也是廢話，像「所以」、「事實上」都屬於這一類。其它廣義的贅詞或廢話還包括「嘖嘖」、「比方說」、「你知道」、「有點」、「一些」。這些語言「填充物」原本的功能是避免冷場或尷尬，但這些字詞會讓觀眾覺得你的演講不確定、不專業，甚至不夠成熟穩重。

這種「廢話癌」有一個辦法可以治，就是「說一下、停一下」，簡單講就是用暫停來取代廢話。利用暫停做為句子與句子間的連結不但可以控制廢話的數量，還給人一種穩重的感覺。你可以利用停頓的時間整理思緒，決定接下來要說什麼。對觀眾來說，也可以利用停頓來消化訊息。停頓時間如果長一點，就會像書

賈伯斯的史丹佛大學畢業典禮演講

www.youtube.com/watch?v=Hd_ptbiPoXM&list=SP0F5B03A822D269C0

寫的驚歎號一樣，不著痕跡但十分有力。暫停可以集中台下的注意力，也是持續放送訊息之間的喘息。

學習用停頓取代虛詞之後，再來就得在聲音上求變化來提升對觀眾的吸引力，而首先要學的是調整音量。聲音小，觀眾會自然前傾想聽清楚；大聲點，則可以爭取台下的注意力。不論聲音是大是小，你都得調整好呼吸，讓聲音能夠傳出去，取決的標準就是讓最後一排的觀眾也能清楚聽見你的聲音。接下來，學著改變講話的速度，你可以由慢而快，慢慢把句子縮短來哄抬現場的氣氛。如果還嫌不夠戲劇化，你可以在聲音的高低上乃至於說話的節奏或抑揚頓挫上求取變化。

你的口語表達不只取決於舌頭、聲帶與文字，你還能善用各個細節、各類描述、各種感官，讓觀眾熱血沸騰。眼睛看到的、耳朵聽到的、鼻子聞到的都可以納入你的演講內容，甚至連觸覺跟味覺都可以穿插其中。準備一場身歷其境的演講可能很費功夫，但如果觀眾對你冗長的演講感到不耐，才是更大的代價。

一九三六年的經典之作《人性的弱點》（*How to Win Friends and Influence People*）裡卡內基（Dale Carnegie）說：「人名不可忘，因為不分語言，每個人都愛聽別人叫出自己的名字。」不論是跟十幾個、幾十個，還是成千上百個人演說，要做到這一點說真的有點不切實際，但你至少可以多用「你」去稱呼台下的觀眾。你知道嗎？TED講者說「你」的次數是他們說「我」的兩倍。

避免用複數的稱謂像是「你們」、「台下的每個人」、「你們全部」、「你們當中有些人」，或者是把台上台下一桿子打翻一船的「我們」；不要問：「你們當中有多少人曾經怎樣怎樣？」而應該問：「你曾經怎樣怎樣嗎？」或「曾經怎樣怎樣的人，舉手。」

本章重點

- 用如同一對一聊天的熱情去演講。
- 調整音量與速度來增加聲音變化。
- 善用神奇的字眼「你」。

CHAPTER

10

幽默感

我並不是天生笑匠，至少我不覺得自己好笑。但總有些時候，我們希望自己能跟美國喜劇影集《歡樂單身派對》(*Seinfeld*)的傑瑞・賽菲爾德(Jerry Seinfeld)一樣幽默。這一章來教你幾個訣竅，提升你演講時的幽默感。

首先記住，幽默始於爆點。身為人，我們會對挑戰直覺或與正常感覺相左的事件轉折產生反應，而且是好的反應，這也是為什麼笑話的爆點總是出現在最後。喬・帕斯奎爾(Joe Pasquale)說過一個笑話：「這是我的『墊腳梯』，我真正的梯子三歲時就拋棄我了。」(原文為See this, it's my step ladder. My real one left when I was three，step在英文中有後繼的意思)或者如果你是個數學宅男或認識數學宅男的話，你一定會喜歡這個笑話：「自變數跟應變數的不同，在於前者不在乎別人的眼光。」這兩個例子都在最後出現令人意想不到的笑點，也就挑戰了我們直覺思考的期待。

自我解嘲，也就是開自己的玩笑，是很容易做到又很有效的做法。在社會闖蕩，我們已經習慣建立起光鮮亮麗、沒有弱點的形象，當我們看到別人放下心防，讓脆弱的一面暴露在世人面前時，嘴角都會不自覺地上揚。別人的軟弱、誤判形勢、個性差，甚至是皮肉上受到的痛楚，只要你沒有把自己的命給玩掉，都是笑話的潛在題材。關於這點，梅爾・布魯克斯（Mel Brooks）說的比一般人還要絕一點：「你弄斷自己的手指甲，叫悲劇；我掉進下水道死掉，是喜劇。」

在TED2008的演講中，腦科學家吉兒・波特・泰勒談到如何把自己的中風過程拿來研究。照理講中風是個悲劇，吉兒卻把整件事說到讓觀眾笑倒在地上。

那時候我右手手臂突然整個癱瘓，我馬上想到：「天啊！我中風了！我中風了！」再來我就聽到腦子對我說：「哇！好酷喔！酷斃了！有幾個腦科學家有機會親自體驗第一手的中風！」

誇大事實是引人發笑的一個辦法，而要誇大有兩種辦法，一種是把正常的人物放到誇張的環境中，像泰山崩於前而面不改色，遇到危險卻仍無動於衷；另一種則是在正常的環境中放進誇張的人物，一點小事情就反應超大，或是明之不可為而為之。

吉兒・波特・泰勒的TED演講

www.ted.com/talks/jill_bolte_taylor_s_powerful_stroke_of_insight.html

前面提到的TED演講點閱率之王肯・羅賓遜爵士就選擇把不凡的莎士比亞，放進一個正常無比的情境之中：

你一定沒有想過莎士比亞也當過小孩，也上過小學吧！七歲的莎士比亞，那是什麼鬼？我之前也沒想過，但是七歲的莎士比亞一定存在過，也一定上過英文課，一定有過英文老師，你說對吧！這聽起來實在很彆扭。莎士比亞可能想過：「我要更用功！」然後莎爸可能會叫他去睡覺：「莎莎，快去睡覺！把鉛筆放下別寫了。還有講話不要那樣怪裡怪氣的，大家都聽不懂你在說什麼！」

我們都喜歡看到權威被打破，而專家也研究過人類為什麼會笑，結果發現在笑的瞬間，我們會感到一絲絲的優越感。但是這樣子的幽默有時候會失之餘有些殘忍或針對性，所以不論是在TED演講，或是在生活中，我們都應該能免則免。不過凡事都有例外，像是政客或學者一類，倒是頗適合開些玩笑的族群。

社會學家漢斯・羅斯林在TED2007裡談到全球的經濟發展，其中一個重點論及學術界的菁英：

有天深夜，我在整理報告，突然間發現，純粹從統計學的觀點來看，瑞典最頂尖的學生還不如黑猩猩有世界觀……另外對頒發諾貝爾獎的卡羅林斯卡學院，我也很不好意思地做了一點觀察，發現他們的程度剛好跟黑猩猩一樣。

演講時盡量把幽默安插在對話豐富的故事中。吉兒沒有平鋪直敘地把自己的感覺說出來，而是很巧妙地把笑點藏在內心的獨白中。同樣地，羅賓遜爵士也把幽默安插在小莎士比亞、英文老師、莎爸之間的日常對話中。

學著妙語如珠，見好不收。你可能會問：當個講者我到底需要多好笑？我想你可以思考一下極端的狀況。職業笑匠平均每分鐘抖四到五個包袱，但這對有題目的演講來說絕對是太誇張了，就算你想也辦不到。反之我們看到比爾．蓋茲在TED演講時足足十分鐘才一個笑話，這又太乾了。

我有點科學又不太科學的分析顯示，TED演講裡比較受歡迎的講者大約是一分鐘一個笑話，高手中的高手可以做到一分鐘兩個笑話。不過笑話不是軍隊，不用排隊，有時候正好戳到觀眾的笑點時就可以玩笑連發，關於這一點可以參考羅賓遜爵士的神人級示範。

我們有時會忘記演講時不是只能講，還可以演。說到搞笑，我們也有許多動手不動口的技巧可以讓台上台下笑成一片。舉個最簡單的例子，你可以讓表情跟手勢與笑點同步。說到臉部表情，不提金凱瑞就太失敬了，但你沒有他的「橡皮臉」也不用擔心，只要眼睛稍微瞪大，眉毛輕輕一挑，大家一樣會知道你在點他們的笑穴。我在前面說過幽默感最好穿插在故事裡，而講者的表情最好也能搭配情節中的角色對話，就好像在跟某個角色對話一樣。除了表情之外，肢體動作也可以達到畫龍點睛的效果，比方說你可以用誇張的肢體語言來表達某個角色的緊張或輕浮。

關於幽默，除了踩別人的痛處、把歡樂建立在別人的痛苦上之外，你唯一需要避免的是第二手的笑話，包括社交圈裡「傳頌」的冷笑話與網路上傳來傳去的東西。這會讓台下聽過這些笑話的人產生你很沒創意的差印象，沒聽過的人則會馬上意識到這是罐頭笑話。另外，用一句話讓人笑的方式已經過時了，連現役的脫口秀演員都會把社會亂象或自身經驗拿出來酸個老半天，說明了結合真實存在的人物、情節、對話，並賦予其戲劇效果，才是幽默的王道。

上台演講已經夠讓人緊張了，再要求講者要好笑根本是強人所難吧。不過話又說回來，最糟又能多糟呢？最糟糕的情形不過就是你說了個笑話大家不笑罷了，那也不是世界末日，更何況出了會場根本不會有人記得，也不會有人到處傳說你的失敗笑話。所以下次有機會上台講話時，別忘了搞笑，搞笑就跟發明一樣，成功要經過不斷嘗試，但切記不開黃腔，也不做人身攻擊。

本章重點

- 自我解嘲、小事化大、挑戰權威，都是幽默的最佳調味料。
- 用對話包裝笑話。
- 「見好不收」，妙語連發，終極目標是一分鐘一個笑話。

CHAPTER

11

肢體表達

剛開始學習演講時，我最大的障礙是手不知道該往哪裡擺。我去查了資料，只看到一些很攏統的原則整理（比如說「自然就好」），用處不大，要不就是只從反面告訴我應該避免哪些手部姿勢。但我想主動出擊啊，我想知道怎樣才能在台上看起來台風穩健、風度翩翩啊。

為了讓雙手在台上看起來不像多長出來的兩隻，請不要太在意手勢，而是想像你在跟好朋友講話，一個可以在他面前做自己的好朋友。人跟人講話，最自在的姿勢是雙手自然下垂，兩肘微彎，你上台演講的時候就應該同樣這麼自在。

但是很多人不相信手肘微彎是最舒適的姿勢，而寧願把手維持在腰部以上的高度，好像放下來會觸電一樣，還有些人握著雙手，有些人死都不握。當然並沒有所謂好講者才採用的固定手部姿勢，但是從頭到尾維持同一個姿勢總是不太自然。想像一下，把雙手放在腰部以上走一整天，你覺得你的手會不會斷掉？我想別人光用看的也會覺得累，更別說要從中認為你是個有自信的人了。當我們和重視的人說話時，雙手並不會一直硬舉著，因為這樣形成了與溝通對象之間的阻礙，而這種象徵性的阻礙並不會因為你在台上、觀眾在台下就消失不見。不論你採取什麼基本姿勢，記得一定要保持對稱，才不會太過彰顯你的緊張情緒。

在台上可以選擇的基本姿勢很多，但需要避免的也不少：

遮羞的葉子——兩手垂著但在身子前頭握著，給人一種怯生生的感覺。

手插口袋裡——手插口袋給人感覺你流於被動乃至於無動於衷。

公園散步狀——兩手垂著而且在身後握著，人家會以為你有所隱藏。

手放屁股上——手放屁股上給人一種桀傲不馴的印象。

雙臂交胸前——雙臂抱胸，會被解讀為在挑釁。

自然手勢的動作範圍要落在腰部以上，頸部以下。除非你要詮釋或扮演故事裡某個神經質的角色，否則不要摸臉龐、頭部、頭髮或後頸。有半數人平時就習慣在溝通時帶入手勢，如果你也是這一半人當中的一個，那就順其自然。也就是說平常怎麼做，演講時就怎麼做；平常怎麼比劃，演講時就怎麼比劃。如果你是另外一半人，跟我一樣，就得像我一樣學著去運用手勢，不然就會像儀隊一樣硬梆梆地在台上站崗。你可能一開始會覺得很不自在，但我保證你一定很快就會忽略不自在的感覺。平常跟人說話時的手勢，跟在台上演講時所用的手勢，差別只在於誇張的程度，場地有多大，手勢就多大，好讓觀眾看得清楚。

手勢的作用在於強化，在於輔助講話，而不在於搶戲。這些手勢你做歸做，卻不能讓人注意到你做了什麼或沒做什麼，又比如說我們偶爾會遇到講者重複某個動作到令人生厭的程度，這樣就適得其反了。雖然你應該集中動作在腰部與頸部之間，但你還是可以運用身邊的空間來增加一些變化，而為了配合演講的內容，誇張到「上窮碧落下黃泉」是可以接受的。有時候講者在台上一緊張，還會把兩手黏在身體兩側，請你讓它們恢復自由。

小時候媽媽可能教你，用手指指人是不禮貌的，但上了台卻很容易忘記這件事。指人除了讓人不舒服，還會讓人覺得受到威脅。那如果遇到非指不可的時候怎麼辦呢？兩個辦法：一個是將小指與地面平行握拳，拇指靠在食指上來指觀眾，這在你需要強調重點的時候可以偶一為之；另一個是手掌朝上，手肘打彎，然後手臂向前伸直來表示指向觀眾。

善用雙手及手臂只是外在表達的一環，更重要的是整體肢體語言。首先，你要用真誠的微笑「灌溉」台下的觀眾。笑不只能傳達出你的信心、你的冷靜，還能在你與台下觀眾之間建立起互信。你當然不能從頭笑到尾，而是讓臉部表情與演說內容配合。好的肢體語言有很多環節，除了笑容之外，還必須注意身體的平衡與穩定，你可以嘗試面對觀眾，兩腳與肩同寬。最後，在演講最後拋出問題後，你可以暫停一下，點個頭，讓觀眾明白你知道他們正在思考。這樣即便觀眾不可能真的出聲，台上台下還是有互動。

學會笑，學會站之後，下一課便是眼神接觸。眼神接觸的祕訣在於想像你正在輪流跟個別觀眾聊天，每句話或每個想法輪一個人，眼睛就不會老盯著天花板或地板，也不會像雷達一樣在觀眾之間掃過來掃過去。我建議你的眼神隨機輪流與每個觀眾接觸，並與對方保持眼神接觸三到五秒鐘，目標是演講完每人都輪到一次。而眼神接觸一定要正面看進對方的其中一隻眼睛裡才算，我說一隻不是兩隻喔，我是提不出什麼科學證據啦，但有演講達人說動之以情時要看左眼，說之以理時要看右眼，理由是右腦管情緒，左腦管推理，但右眼歸左腦管，左眼歸右腦管。這如果太複雜，就別管左右了，兩眼挑一眼放電就是了。遇到大場面時，可以把場地分成四個或以上的區塊，每一區塊輪著看一到三分鐘，營造出你在跟觀眾聊天，而不是在演講的氣氛。

眼神接觸要有變化，你可以偶爾稍微閉一下眼睛，這個高招可利用在回想過往的時候。前面提過的吉兒・波特・泰勒就很會這招，她幾次閉眼都達到極佳效果，大家可以參考。

肢體動作得當，往往是晉升職業級講者的關鍵。順暢、自然、不失穩重，是我們追求的目標。每一動都要有作用，不是盲動、亂動，把自己從講台與螢幕框的侷限中解放。

具體而言，我建議大家把講台看成有固定配置的舞台，也就是說在不同區塊做不同事情。講故事，要站在點Ａ；說大道理，就得移駕到點Ｂ，以此類推。當你按照先後順序描述事情時，可以從觀眾角度的左邊出發，然後一路講到右邊。另外，朝著觀眾走去是一項非常有力的工具，可以藉此來強調某個重點或與台下建立關係。

要傳達重要訊息時應注意兩點，一個是身體跟腳要朝向觀眾，一個是站定位置。接下來停頓一下，然後移動一下位置。停頓，是為了再次開始講話。這樣的停頓不會讓人覺得尷尬，事實上觀眾正可以利用這段時間思考，為你接下來要說的重點做好準備。當然總有些時候你會想移動到比較遠的距離，這時候你可以邊走邊講，重點是到了新位置後你要正襟危「站」，才不會給人一種你在台上「漫步」甚至「散步」的感覺。

前面提過的作家丹尼爾・平克，曾經當過政治人物的文膽，他在TED2009時示範了什麼叫做穩健的台風。那天丹尼爾試圖說服觀眾，企業主若要增加白領員工的工作績效，重點不應該在金錢與物質等身外之物，而在於內心的自發性與收穫。為了達到這個目的，他舉了一個普林斯頓大學所做的實驗為例，實驗的主持人是科學家山姆・葛拉克斯柏格（Sam Glucksberg）。丹尼爾說：

> 他把兩組參與實驗者集合起來，然後說道：「我現在會計時，看大家需要多久時間解題？」接著對其中一組受試者說：「我給各位計時是為了建立常模，看這類問題平均需要多久時間解完。」
>
> 然後針對第二組人，他提供獎勵。他說：「如果你的速度可以排到前百分之二十五，獎金是五塊錢，第一名的話有二十塊錢……」

當他說到「接著對其中一組受試者」的時候，丹尼爾移動到左手邊，手勢也往左打。講到「然後針對第二組人」，丹尼爾往右跨了三步，手也往右比劃。透過對話、移動與手勢，丹尼爾把實驗搬上舞台，此時的觀眾就代表著實驗室裡的受試者。

最後一點，只要觀眾還看得見你，你就是台上的演員；而只要你人在台上，你的衣著、髮型、儀態都必須與講題呼應。除卻演講前與觀眾建立關係不算，你從站起來的那一瞬間到講完回座位坐好，都是表演的一部分，所以走路請抬頭挺胸，不要吝於微笑。

本章重點

- 上台先從雙手自然下垂開始，之後的手勢則打在腰部與頸部之間。
- 臉部表情要搭配演講內容。
- 眼神接觸每人一次三到五秒；大場面以一區塊為單位，每區塊約三分鐘。

CHAPTER 12

善用投影片或道具

說到TED演講，有些人可能會想到製做精美的投影片，這當然沒錯，但其實演講的最高境界不需要任何投影片。最多人點閱的前十則TED演講，有四則完全沒有用到投影片，這當中當然包括超受歡迎的點閱冠軍肯・羅賓遜爵士。

如果你確定非用視覺輔助不可，簡單畫個圖會比用投影片好非常多。在TED演講裡面我個人最欣賞的例子是賽門・西奈克在二〇〇九年TEDxPugetSound中的演說。十八分鐘的演講剛剛好講到兩分鐘，就看到賽門走到架起的白紙前，拿出馬克筆，畫起了他經典的「黃金圓圈」，就像射擊的靶紙一樣一圈一圈，靶心是「為何」(why)，中間那圈是「如何」(how)，最外圈是「什麼」(what)。這圖再簡單不過，卻能告訴我們好的領導者如何激勵員工，好的公司又如何成長茁壯。你不用真的很會畫畫，簡單、易懂就是王道。

如果沒有視覺輔助會讓你緊張，畫畫你又不在行，那麼用一下投影片也無妨。但要記住，投影片是給觀眾看的，不是你的大字報。假設錢不是問題，這演講又事關重大，你可以考慮求助世界級的設計者，諸如Duarte Design公司或Presentation Zen的蓋爾・雷諾(Garr Reynolds)。如果你請不起他們，就退而求其次買他們的好書來參考吧。

TED演講中投影片用得好的，大至可以歸納出三種做法，分別是「高汀法」、「高橋法」跟「萊西格法」。你當然可以擇一使用，但我建議你兩種混用或三種全用，反差才會大，變化才會多。記住不要用貼圖，也不要用會吸走觀眾注意力的軟體、動畫與影片。

企業與行銷大師賽斯・高汀（Seth Godin）倡導在投影片裡多放圖片，而他本身也在TED2003與TED2009兩次盛會中擔任講者。「高汀法」的投影片上放滿了授權的高解析圖片，再讓圖片四周「溢出」投影片，讓觀眾發揮想像力「腦補」看不見的部分。你當然也可以用自己拍的照片，但自家的照片又亂又沒整理，可能不容易找到合適的，這時候你可以向iStockPhoto、Corbis、Getty Images、fotolia或Shutterstock Images等業者購買無版權的照片，其中iStockPhoto的介面與價格都特別親民。

賽斯・高汀的TED演講
www.ted.com/speakers/seth_godin.html

這些業者提供非常多種尺寸與檔案格式的圖片，多到讓你眼花撩亂。基本上，照片尺寸應該配合硬體所能提供的解析度畫素。如果投影機屬於SVGA機型，那麼相片以800 x 600為宜，至於現在主流的XGA投影機能提供1024 x 768的畫素解析度，更高階一點的SXGA則可以達到1280 x 1024的水準。

圖片尺寸有時候會用英吋或dpi（每吋點數）來表達。你可以把一個dpi當成一個像素，把以吋為單位的長度乘上dpi就可以得到解析度。比方說長十吋寬七·五吋，dpi是120的圖案，解析度就是1200 x 900，可以用1024 x 768的投影機來播放。影像解析度過高，檔案過大也沒有用，多出來的像素投影機也顯示不出來，只不過白白浪費錢跟硬碟空間而已。圖樣的檔案格式以JPEG／JPG最能在大小與畫質之間取得平衡，退而求其次可以選PNG，至於GIF與BMP則較不推薦，前者畫質太差，後者太大。

「高橋法」的命名源自日本電腦程式設計師高橋正吉（Masayoshi Takahashi），而高橋法的精髓在於投影片上的字愈少愈好，但字體要大。這樣的概念源自於所謂的七乘七法則，主張投影片上的要點不應超過七則，每則以七個字為限，但其實七乘七對TED演講來說還是太多。基本上對TED演講來說，需要列出重點就已經輸了。

「萊西格法」綜合了「高汀法」與「高橋法」。我這樣形容你可能已經猜到了，「萊西格法」就是整張投影片只放一張圖，上面加一點點字。舉例來說，你可以在投影片上放一個人或一隻動物，然後將少少的字放在他們的視線延伸處。

不論哪種方法，視覺輔助的一大原則是「少即是多」。留白是一門藝術，個別的投影片追求簡潔，整組的投影片則追求和諧統一。具體來說，文字愈少愈好，或者直接用圖說明，你在台上的工作則是為投影片配音。另外在字型、色彩與圖像的風格上也以「極簡」為最高指導原則。

在每張投影所含的概念密度這方面，極簡也應該被奉為圭臬。一張好的投影片只談一個訊息，若有兩個圓餅圖就分兩張投影片。演講達人克雷格・瓦倫汀說過：「投影片是你起飛跟降落的地方。」如此而已。

大部分的設計者只使用一種字型，而考量到多數投影片都有標題跟重點，我推薦Helvetica字型，或者是大家熟知、屬同一家族的Ariel。字型也是有個性的，就跟走秀要選名模一樣，要看演講內容來選擇字型。以Helvetica來說，這種字型的感覺比較中性，另外帶有一點權威，所以適合大多數的演講。你也可以看到大部分的指標及公司標誌，都使用Helvetica。

如果你想用或需要多用幾種字型，也請盡量愛用同一個家族的字體。除了大小變化，字型還包括粗細體的差異，甚至可以調整成斜體。這種種變化外加偶一為之的色彩考量，就能提供大多數的反差需求。只有偶爾需要用到更強烈的對比時，再去深入研究一下字體的學問即可。

Helvetica是無襯線（sans-serif）的字型，意思是字母的尾端不帶有半裝飾性的線條。如果你想用另外一個家族的字體來跟Helvetica搭配，那比較好的選項應該是有襯線或是書寫體（草寫）的字體，如此才能顯示出這樣的反差是出於精心安排而非隨機。相對於Helvetica這類的無襯線字體固然適合標題，有襯線的字體如Times New Roman則比較常見於長一點的內文，因為一點點的花邊能夠幫助視線跟上文字。這樣的安排也許不突出，也談不上多有創意，但顯然很管用，如果你仔細觀察平面廣告，Helvetica負責標題而Times New Roman處理文案的搭配還算挺常見的。這可說是眾人的智慧結晶，我們其實不妨多加利用。Times New Roman給人一種可信與經典的感覺，如果你需要強一點的反差，前面說過書寫體（草體）會是睿智的選項，其中我推薦*Lucida Calligraphy*，這算是一款優雅的手寫體。

「少即是多」也適用在色彩的使用上，具體來說五種顏色就到頂了。為確保圖像、字型與背景之間的協調，比較好的做法是從簡報的既有圖像中挑出一個或一組顏色使用。很多優秀的投影片只用一種顏色，並在明暗（色調）和亮度（飽和度）上做文章。如果你不想只用一種顏色，另外一種做法是使用近似的不同顏色做出微妙卻明顯的色差；口味更重一點的話，偶一為之可以同時啟用互補的兩種顏色。

我建議費點心思在投影片背景與前景色彩的搭配。背景可以選擇冷色系的藍色、綠色或銀色，前景則可多用暖色系的紅色、黃色與橘色。中性顏色像黑色與白色也很適合用於背景。呈現資料時，記得用扎實的素色，才不會讓觀眾被顏色吸引而忽略了文字內容。

除了「少即是多」，另一組值得我們吸收內化的原則與文字／影像的配置有關。雖然設計領域針對這方面仍有很多爭議，但「九宮格」可以當成基本的法則。

將投影片以三乘三劃分出九個大小相同的格子，依此去分配文字與圖像的位置。同一張圖片或同一段文字跨兩格以上是可以接受的，也很多人這麼做，但重點是為什麼需要「跨區辦案」，不要沒經過思考就這麼做。一張投影片可以只放一張自然環境的照片，然後把地平線對準兩條橫的（看不見的）格線其中一條。如果照片的天色較暗，可以將地平線對準上面那條橫線；反之則可以把地平線對準下方那條橫線。

九宮格可以幫助你判斷投影片上的目光焦點，精準地說，投影片有五個聚焦點，包括横直格線的四個交會點，這四個點極適合放圖；第五個點則比較不那麼精準，大約是在投影片的「視覺中心點」，也就是投影片的正中心略偏上方的右邊一點。

本章重點

- 投影片能免則免。
- 不能免則力求圖多字少。
- 適時使用強烈的色彩、字型、位置等反差來突顯重點。

CHAPTER

13

克服上台的恐懼

大家都怕上台，都怕演講。你說這恐懼有道理也好，沒道理也罷，反正大家就是會怕。你應該聽說過，美國曾經做過統計，人們最大的恐懼是上台演講，第二名才是死亡。即便如此，上台講話可能會讓你急欲尋死，這時候快利用以下訣竅來加強你的求生意志。

你必須從上台前就開始控管演講的焦慮，特別是在TED發表演講，至少應該演練三次，而且每次演練都要得到充分的聽眾回饋。充分回饋不表示聽眾要很多，專家一個也行，但理想上還是找一小群親朋好友來聽聽看你的演練。熟能生巧，練習可以提昇信心。既然你希望能在台上自然地侃侃而談，像在聊天，我建議不要逐字背稿或唸稿。

到了會場，你的焦慮飆高是正常的。演講本來就是表演，而就像舞台劇的導演要在帷幕升起前搞定所有事情，講者也應該確實掌握演出的環境。你一定要提早抵達會場，才有時間融入現場環境，若遇到設備與空間需要調整你也才能餘裕。

如果需要使用科技設備，我只能說愈仔細小心愈好。麥克風要測試一下，投影片要跑過一遍，也別忘了看看電腦與螢幕顯示有沒有問題。人真的很容易得意忘形，像我有次在投影片裡安插了一個平凡無奇的停止標誌，卻沒有事前測試，簡報到一半才大驚失色發現這標誌會閃，而且還在台下一堆主管面前閃個沒完。還好他們還算有幽默感，但我真的是學到應該以謹慎為上策。

跟測試硬體一樣，你必須掌握環境，乃至於調整環境。就算沒辦法改變環境，也至少花點時間思考一下要如何因地制宜。比方說，你演講時的動線，怎麼走，哪個定點要停，都應該事前想好；如果你可以改變環境，就想想看要不要移動桌椅，要不要留下講台，要不要調整白板。

提早到達會場適應環境能增強你的信心，演講的時候自然會更加從容穩健。特別是當你掌握了科技設備與現場環境後，多出來的時間還可以拿來跟現場早到的觀眾互動，預先建立起台上台下的關係。試著傾聽，你將能從觀眾中交到一些朋友，他們的意見說不定能給你一點靈感來做一些最後的調整。

正式開始演講之後，別忘了台下都在為你加油，大家都希望你能講好。我不建議把全篇稿子背起來，但背開場是可以的，開場講好會讓你比較有信心。你也可以把大綱隨時放在口袋，即使不用但不能不準備，口袋裡的提示會讓你安心一點。當然如果你真的準備很充分，感覺很有把握，你也可以學習專業的講者在上台前把口袋清空。

最後一點，人一緊張容易講話像機關槍連發。放輕鬆，放慢一點，想停一下就停一下，沒有關係。除了之前提過嗯嗯啊啊太多的毛病可以用暫停來修正之外，停頓一下還可以讓觀眾跟上你，也可以讓自己喘口氣，切記。

本章重點

- 至少排練三次，盡量取得回饋。
- 提早到達會場進入狀況，環境、設備、觀眾都要有所掌握。
- 記住觀眾是跟你站在同一邊的，大家都希望你講得好。

CHAPTER

14

放下書，上台講

為了寫這本小書，我看過、聽過、研究了很多TED演講。但不論聽再多演講，人也學不會演講；就算啃完圖書館裡所有有關演講的書，也不會突然變身名嘴。那失落的環節叫做講台，叫做上台，叫做台下的回饋。上台吧，你的理念等著跟世界見面！

國家圖書館出版品預行編目(CIP)資料

TED Talk十八分鐘的祕密／傑瑞米・唐納文(Jeremey Donovan)作；鄭煥昇翻譯.-- 初版.
-- 臺北市：行人文化實驗室，2013. 09
136面；12.8×19cm
譯自：How to deliver a TED talk : secrets of the world's most inspiring presentations

ISBN 978-986-89652-5-6(平裝)

494.6　　　　102015955

HOW TO DELIVER A TED TALK
Story by Jeremey Donovan

TED Talk十八分鐘的祕密
How to Deliver a TED Talk: Secrets of the World's Most Inspiring Presentations

作者　傑瑞米・唐納文 Jeremey Donovan
譯者　鄭煥昇
總編輯　周易正
執行編輯　陳敬淳
封面設計　黃暐鵬
行銷業務　李玉華、陳人和、蔡晴
排版　bear工作室
印刷　崎威彩藝
定價　200元
ISBN　978-986-89652-5-6
2019年11月　初版二十九刷

出版者　行人文化實驗室（行人股份有限公司）
發行人　廖美立
地址　10049台北市北平東路20號10樓
電話　(02)2395-8665
傳真　(02)2395-8579
網址　http://flaneur.tw
郵政劃撥　50137426
總經銷　大和書報圖書股份有限公司
電話　(02)8990-2588